ロマンとソロバン

マツダの技術と経営、その快走の秘密

馬自達mazda技術魂

駕馭的感動，奔馳的秘密

宮本喜一
Yoshikazu MIYAMOTO

李雅惠 譯

經營管理 134

馬自達Mazda技術魂：

駕馭的感動，奔馳的祕密

作　　者　宮本喜一（Yoshikazu MIYAMOTO）
譯　　者　李雅惠
責任編輯　文及元
行銷業務　劉順眾、顏宏紋、李君宜

總 編 輯　林博華
發 行 人　涂玉雲
出　　版　經濟新潮社
104台北市中山區民生東路二段141號5樓
電話：（02）2500-7696　傳真：（02）2500-1955
經濟新潮社部落格：http://ecocite.pixnet.net
發　　行　英屬蓋曼群島商家庭傳媒股份有限公司城邦分公司
104台北市中山區民生東路二段141號11樓
客服服務專線：02-25007718；25007719
24小時傳真專線：02-25001990；25001991
服務時間：週一至週五上午09:30~12:00；下午13:30~17:00
劃撥帳號：19863813　戶名：書虫股份有限公司
讀者服務信箱：service@readingclub.com.tw
香港發行所　城邦（香港）出版集團有限公司
香港灣仔駱克道193號東超商業中心1 樓
電話：852-25086231　傳真：852-25789337
E-mail: hkcite@biznetvigator.com
馬新發行所　城邦（馬新）出版集團Cite（M）Sdn. Bhd.（458372 U）
41, Jalan Radin Anum, Bandar Baru Sri Petaling,
57000 Kuala Lumpur, Malaysia.
電話：（603）90578822　傳真：（603）90576622
E-mail: cite@cite.com.my
印　　刷　漾格科技股份有限公司
初版一刷　2017年2月16日
初版二刷　2021年3月16日

城邦讀書花園
www.cite.com.tw

ISBN：978-986-6031-991

售價：380元

〈出版緣起〉

我們在商業性、全球化的世界中生活

經濟新潮社編輯部

跨入二十一世紀，放眼這個世界，不能不感到這是「全球化」及「商業力量無遠弗屆」的時代。隨著資訊科技的進步、網路的普及，我們可以輕鬆地和認識或不認識的朋友交流；同時，企業巨人在我們日常生活中所扮演的角色，也是日益重要，甚至不可或缺。

在這樣的背景下，我們可以說，無論是企業或個人，都面臨了巨大的挑戰與無限的機會。

本著「以人為本位，在商業性、全球化的世界中生活」為宗旨，我們成立了「經濟新潮社」，以探索未來的經營管理、經濟趨勢、投資理財為目標，使讀者能更快掌握時代的脈動，抓住最新的趨勢，並在全球化的世界裏，過更人性的生活。

之所以選擇「經營管理─經濟趨勢─投資理財」為主要目標，其實包含了我們的關注：「經營管理」是企業體（或非營利組織）的成長與永續之道；「投資理財」是個人的安身之道；而「經濟趨勢」則是會影響這兩者的變數。綜合來看，可以涵蓋我們所關注的「個人生活」和「組織生活」這兩個面向。

這也可以說明我們命名為「經濟新潮」的緣由——因為經濟狀況變化萬千，最終還是群眾心理的反映，離不開「人」的因素；這也是我們「以人為本位」的初衷。

手機廣告裏有一句名言：「科技始終來自人性。」我們倒期待「商業始終來自人性」，並努力在往後的編輯與出版的過程中實踐。

目錄

馬自達Mazda技術魂：駕馭的感動，奔馳的祕密

（按：書中提到的人物職稱，以二〇一五年原書出版時的頭銜為主）

第一章

馬自達以SKYACTIV全新動能科技賭上公司未來

「馬自達推出新世代產品的首款代表作CX-5，期待創造全新市場，這是賭上馬自達未來的命運。」

馬自達公司總裁、社長兼執行長山內孝蒞臨新車發表會場時，以平常出席公開場合致詞的平穩口氣，堅定地說出以上的發言。

二〇一二年二月十六日，山內社長出席在東京都內某飯店舉辦的馬自達CX-5新車發表會。CX-5屬於多用途運動休旅車（ＳＵＶ，Sport Utility Vehicle）從引擎、傳動、懸吊系統、車體結構以及外型設計等，每個零件都是全新設計，注入了馬自達獨家技術所推出的代表作。發表會場上提問時間，某位媒體記者問道：

「日本國內的柴油引擎乘用車一直不受消費者青睞，以去年（二〇一一年）來說，國內市場柴油車銷售，國產與進口車合計數量也才九千輛，馬自達這次推出全新柴油引擎ＳＵＶ，如果是針對柴油車普及的歐洲市場還沒話說，但貴公司真的打算開拓日本國內柴油引擎乘用車市場嗎？」（按：汽車主要分為乘用車〔passenger vehicle〕和商用車〔commercial vehicle〕二大類。）

山內社長前面的發言，正是針對這個問題的回答。

山內孝的覺悟和馬自達的命運

無論是「創造全新市場」，或是「賭上馬自達未來的命運」，這兩種說法幾乎可以成為報紙標題，更何況是在汽車廠新車發表會場，從高階經營主管口中說出如此宣言，更是罕見。

然而，幾乎沒有媒體對山內社長這段發言有任何回應。或許是媒體認為以馬自達這種在日本國內市占率僅僅五%的小車廠，這不過是馬自達的春秋大夢吧。不然就是山內社長平鋪直述的口吻，讓記者們興趣缺缺。總之，媒體記者對此段對答內容竟然完全沒有報導。

媒體如此冷淡，山內社長又是怎麼想的呢？「創造全新市場」「賭上馬自達未來的命運」的說法，都是山內社長腦海中自然浮現的想法。

山內社長在二〇〇八年十一月接掌馬自達總裁兼執行長時，正逢爆發金融海嘯後全球經濟衰退的艱難時期（按：二〇〇八年九月中旬雷曼兄弟公司破產後，歐美多家銀行陸續爆發財務危機，信貸緊縮加劇，造成全球金融海嘯）。沒想到禍不單行，短短不到兩年半，二〇一一年三月日本發生三一一大地震。在這樣驚濤駭浪般的社會與經濟環境下，肩負著帶領馬自達集團重擔的山內社長，絲毫沒有喘息的空間，歷經許多挫折，才能順利發表並販售全新車款CX-5。但新車銷售只是全新事業的起點而已。馬自達集團的營運狀況仍無法樂觀以對，艱困掌舵的局面還是沒有改變。正因如此，山內社長本著經營者的責任感與決心，才會說出：「無論遇到任何困難，都得設法克服。」

馬自達經營團隊對全新運動休旅車（SUV）CX-5，用「賭上馬自達未來的命運」的這種說法，其實也是不容爭辯的事實。萬一新車銷售未如預期，絕對不是單款車種銷售失敗那麼簡單而已，整個集團恐怕將陷入生存危機；詳細原因就得從新車款的研發背景說起。

馬自達已經在二〇〇五年左右，就已經著手重新規畫營運策略，以推出全系列新車款為前提，產品已大致具體規畫到二〇一五年。山內社長所說的新世代產品，指的就是這個計畫即將誕生的新款車種。CX-5 除了是新產品線的首發款，也是第一輛搭載新世代技術的車款。馬自達當然期待新世代產品首度登場能夠有好表現，希望能一舉擊出安打、長打，甚至全壘打就更棒了，但絕不能容許出現三振的情況。

因為規畫到二〇一五年新世代產品線，都是以同樣的技術，思考方向與設計理念一氣呵成，萬一 CX-5 不幸遭到市場三振，那麼產品線規畫勢必得大幅修正。原定陸續投入開發的產品，恐怕銷售前景也成了烏雲密布。倘若如此，馬自達所規畫長達十年的戰略計畫恐怕就會連根拔起，徹底完蛋。

那麼馬自達除了這項計畫之外，萬一新車款 CX-5 銷售不如預期，是否也有避免危機發生的備案呢？老實說並沒有。因為馬自達檢討新產品線的當時，能投入的經營資源就相當有限。經營高層也十分明白，萬一 CX-5 的市場銷售反應不佳，馬自達立刻就要面臨斷炊的嚴重狀況，根本就是無後路可退。

回顧山內社長回應媒體記者的回答時，某位經營幹部自言自語：「山內社長說出這樣的話，我想他一定也是在替自己打氣吧。」

超越環保車

要開發出前所未見的創新產品，最後完成的產品規格如何？其實，開發的過程就是一條漫長且驚險的路途。

進入二十一世紀，世人對汽車技術的重點，逐漸轉向搭載油電混合或電動系統的未來科技環保車款。豐田（Toyota）、日產（Nissan）、本田（Honda）、三菱（Mitsubishi）等汽車大廠，為了因應社會期待，致力於推出各式環保車款。這也成為消費大眾判斷汽車大廠是否擁有優異先進科技的著眼點。可惜，到了二〇〇五年，甚至二〇〇六年，市面上仍未見馬自達推出的環保車款。

無論動力系統技術表現再怎麼優秀，也得設法打破消費大眾對於馬自達沒有推出環保節能車款的刻板印象。因環保車種開發大幅落後其他車廠，如果要在市場上捲土重來，馬自達勢必得開發出技術上具獨特創意的魅力商品。

馬自達所採取的乘用車策略重點，不是迎頭追上油電混合或電動車等動力系統技術，而是思考如何提升現有內燃引擎的環保效率。公司也訂定以下的方針：

「二〇一五年之前，馬自達所生產的乘用車平均油耗（按：油耗指的是每公升燃油可跑的公里數），燃油效率比自家舊款車種提升三十個百分比。」

這個號稱不仰賴油電混合或電力系統，在短時間內改善並提升自家車款油耗表現三〇%的宣言，不只是外界存疑，甚至連公司內部都質疑：

「從汽車發明至今一百三十多年，這段期間各車廠致力提升馬力與產品穩定的同時，也不斷研究如何提升油耗表現。即便各大車廠專研過各種手段，也只能達到目前的油耗表現。難道馬自達真的能在短時間內將引擎油耗提升百分之三十嗎？」

這件任務的難度並非單純提升燃油效率而已。全世界對汽車廢氣排放規範日趨嚴格，與提升燃效的技術困難度相比，兩者不相上下，更加重技術開發的負擔。例如歐洲自二〇〇八年開始實施歐盟五期環保法規（Euro5），日本則從二〇〇九年開始實施後新長期規範（Post New Long Term）標準，對於汽車排放廢氣中的一氧化碳、碳氫化合物（烴）以及氮氧化物有更進一步嚴格的要求。不僅如此，歐洲在二〇一四年實施更嚴格的歐盟六期環保法規（Euro6）。

所以，能否開發滿足燃油效率兼具潔淨排放的環保新技術，已經成為各汽車大廠能否繼續存活的必要條件。

致勝關鍵在於提升三〇%燃油效率

為了能同時克服這兩大課題，馬自達將重心放在如何提升汽油引擎與柴油引擎的燃燒效率。

自十九世紀末汽車發明以來，標示引擎燃燒效率指標數據之一的熱效率，經過百年的努力好不容易才達到三〇%。所謂熱效率，就是指提供給內燃引擎的燃料化學能量成功轉換為汽車動力的比例，假設熱效率為三〇%的情況，相當於提供引擎十公升汽油時，其中三公升能有效轉換成引擎推進力，剩餘七公升其實都浪費在推進動力以外的地方。

如果能將浪費的燃料能量轉換為有效工作，成為汽車的推進力。舉例來說，只要將浪費的消耗量降到六〇%，就等於引擎燃燒效率（熱效率）提升了一〇%。此外，由於提升熱效率而降低使用汽油量，也可以減少因燃燒而產生的有害物質，改善排出廢氣的潔淨度。總結來說，透過提升熱效率來有效改善汽車廢氣以符合排放標準。

基於上述理論，馬自達開始研究如何大幅改善內燃機引擎，雖然業界一般認為內燃機引擎效能已達極限，馬自達拋棄以往先入為主的觀念積極挑戰極限。思考符合社會大眾期待，兼具完整性能的次世代乘用車，到底引擎驅動系統應該是怎樣的呢？大家應該都會立刻聯想到油電混合車與電動車的新技術產品。

但因馬自達油電技術研發起步較晚，相關技術落後其他競爭對手，明顯屈居下風。在營運資源有限的狀況下，與其分散有限資源改善弱項，還不如集中火力於強項，並將有限的寶貴資源發揮到極致才是理所當然。而馬自達多年累積傳承的看家本領，就是引擎內燃機技術、車身設計技術等製造技術。尤其引擎開發技術一直是馬自達引以自豪的強項。因為一九六〇年代，全球汽車公司都全力投入開發的轉子引擎（Rotary Engine，按：是一種無活塞迴旋式四行程內燃機，簡稱為ＲＥ），但只有馬自達成功開發並搭載於量產車型。

即使押寶於自家擅長領域，開發之路依舊困難重重。事實上，不論公司內外都不斷出現質疑的聲浪：「這麼短時間內要將汽車引擎燃油效率提升百分之三十，根本就如同緣木求魚。」即使如此，馬自依舊維持原定計畫。對他們而言，或許也找不到其他比這更有機會成功的方法了吧。

為了扭轉目前的劣勢與困境，而必須開發出比其他車廠更優異的環保車款，馬自達選擇一條艱困的道路。以自家獨特引擎技術為核心，整合變速器、車體構造，並透過能大幅降低成本的設計技術及製造技術等經營資源，專注於提升引擎內燃效能，期待開發出足以對抗他廠油電混合車或電動車的高效率引擎。

這次決斷也為馬自達鋪陳未來發展方向的道路。一直到 CX-5 發表會為止的數年間，馬自達依照當初戰略規畫成功開發出獨創新技術，這一系列新技術命名為「SKYACTIV 全新動能科技」，成為馬自達新世代產品最大特色，也是馬自達的強力武器。

CX-5 發表會上，山內社長的腦中浮現的，想必是開發 SKYACTIV 全新動能科技過程中的艱辛坎坷吧。

金融海嘯讓所有努力化為烏有？

實際上，當時還有一件事讓山內社長感到內心糾結不已，那就是馬自達自二〇〇八年以來的經歷過程。

二〇〇八年秋，山內孝由副社長升任社長兼執行長，一肩擔起經營馬自達集團的責任。當時正逢二〇〇八年九月發生的金融風暴，引發全世界金融危機，景氣瞬間急凍，連帶也造成汽車銷售市場低迷。照理來說，榮昇為社長應當是可喜可賀之事，但對山內來說，這可不是一帆風順的快樂出航，反倒像是瞬間被捲進狂風暴雨中一般。

這場風暴中，馬自達的業績也瞬間惡化。金融風暴前一年，二〇〇七年度馬自達銷售量與利潤創歷史新高。合併營收為三兆四七五八億日圓、合併營業利益達一六二一億日圓、當期獲利為九一八億日圓。好不容易才脫離從二〇〇〇年度以來業績跌落谷底而推出優退方案（形同裁員）的噩夢。馬自達從二〇〇一年度到二〇〇七年度，連續七年營運漸入佳境，業績不斷持續成長。卻在二〇〇八年度受到金融風暴景氣變化影響，營業額比二〇〇七年度大減二七％，只有二兆五三五九億日圓，導致營業虧損二八四億日圓，當期損益項目也出現七一五億日圓的巨額赤字。該年度汽車銷售數量同時大減七％，由一三六萬輛減少為一二六萬輛。

如此慘澹的業績，也對經營團隊才剛策畫好的馬自達新中期計畫帶來陰影。

這個新中期計畫，是在二〇〇七年度第一季時，也就是金融風暴發生前一年，根據過去六年業績持續業穩定成長所推估的計畫，稱為「馬自達提升計畫」（Mazda Advancement Plan）。該計畫核心目標是以二〇一〇年度為最終結算年度，合併營業利益超過二〇〇〇億日圓（計畫策定之前的二〇〇五年度結算營業利益為一二三四億日圓），年度銷售數量超過一六〇萬台（二〇〇五年度為一二八萬台）。也就是預估未來四年間營業利益成長超過六〇％。而在中期計畫實施的同時，馬自達也公布技術開發願景「永續 Zoom-Zoom 宣言」，以開發兼具動力性能與環保節能產品的作戰方針，提高馬自達品牌在市場中的能見度。

馬自達認為，只要確切掌握新中期計畫與長期願景，這兩者實為一體兩面，只要達成前項計畫，自然就能確保願景計畫中技術開發所需要的資金無虞。如前所述，馬自達捨棄追求油電混合與電動車技術，將有限的經營資源孤注一擲於唯一的目標：以提升舊有內燃引擎性能為核心，期待大幅提升馬自達車款的燃油效率與環保效率。具體的目標就是要在二〇〇八年到二〇一五年，以七年時間，讓馬自達車款平均油耗提升三〇％。

「才短短幾年，就妄想能將汽油引擎燃油效率提升百分之三十，簡直是天方夜譚。」除了各界不看好之外，每個人知道這個開發目標根本就是不可能的任務。儘管如此，馬自達仍押寶這個目標，萬一無法達成新中期計畫目標數字，那麼一定會嚴重影響未來新技術開發。也就是說，新中期計畫的前提就是達成新技術開發目標，假如第二年遭遇危機，情形非同小可。因為如此一來，原定二〇一五年度搭載新技術的馬自達全車系產品線規畫，就成為海市蜃樓。

果不其然，山內在接任社長兼執行長後，馬上就面臨嚴峻的現實。

二〇〇八年會計年度末結算（按：日本會計年度為四月一日至隔年三月三十一日，這裡指的是二〇〇九年三月）時，現金流量從二〇〇七年度的一〇二億日圓，驟降為負一二九二億日圓，負債淨額從二八一一億日圓暴增為五三二六億日圓。暴增的負債對於一直致力削減負債的馬自達來說，這段期間的努力就會付諸流水。這個數字（五三二六億日圓），竟然超過福特汽車（Ford Motor）於二〇〇〇年度入主馬自達進行經營再造時的銀行貸款金額（四八四六億日圓）。

從負債淨額來看，馬自達的營運狀況瞬間倒退十年。大幅降低的現金流量意味著馬自達資金短缺，證明營運資金已經相當緊迫。

為了化解僵局，山內社長採取的方法之一就是強化資本。二〇〇九年十月，以公開發行和第三方增資方式，加上出售馬自達手上持股，最後籌得資金九三三億日圓。山內手下的幹部們絲毫不敢怠慢，拜訪每一家融資公司與投資家，說明公司狀況並取得對方理解。幸好，馬自達在二〇〇七年三月發表的願景計畫「永續發展 Zoom-Zoom 宣言」，明顯看出馬自達積極投入技術開發的攻勢策略，金融市場也對馬自達此次增資計畫給予正面評價。事實上，馬自達更將籌措資金挪出六〇〇億日圓投入新技術開發研究。二〇〇九年度業績逐漸好轉，虧損金額從二〇〇八年度七一五億日圓降為二〇〇九年度六五億日圓，雖然營業仍處於虧損狀態，但與年初預估全年虧損一七五億日圓相比，虧損金額已大幅下降至三八%。

業績雖有好轉跡象，但是，要達成二〇〇七年第一季所公布的新中期計畫裡，訂下二〇一〇年度銷售數量超過一六〇萬台、營業利益超過二〇〇〇億日圓的目標，依舊難如登天，這仍是無法避免的嚴峻事實。因此，山內社長於二〇一〇年第一季提出以「反攻」概念的「中長期實施策略概要」，某些角度來說就是修正目標。以提出「中長期預估」而不提目標，重新修正年度預估銷售一七〇萬台、營業利益一七〇〇億日圓。修正後的數字與原目標相比，銷售數量增加十萬台，營業利益則降低三〇〇億日圓。將修正後的數字定調為預估而非目標，應該是考量市場前景不明，恐將更難預測未來社會經濟的變化。

一波未平一波又起

二〇一一年三月，緊盯二〇一五年為新目標的「反攻」行動，而制定的「中長期實施策略概要」才實行將滿一年，就遭逢三一一大地震。加上大地震引發東京電力福島第一核電廠事故影響，日本國內的社會經濟狀況激烈變化，馬自達也與其他汽車大廠一樣，捲入混亂的漩渦中。

影響所及，在三月期末結算時二〇一〇年度業績大幅驟減。營業利益中本業雖獲利二三八億日圓。但是，三一一地震造成工廠生產線停工，以及其後稼動率低迷，尤其因銷售急凍造成產品庫存激增等，採取財務緊急對策投入資金導致最終結算虧損六〇〇億日圓。此外，代表手上調度現金靈活度的期末自由現金流量竟降至十六億日圓。對一家年營業額二兆四〇〇〇億日圓的企業而言，不但是嚴重的問題，幾乎等於身無分文。二〇〇八年金融風暴造成經濟環境惡化，二〇一一年又因三一一大地震的天災而面臨巨大生存危機，只要走錯一步，絕對會威脅整個集團的存續。

汽車產業的產業鏈非常龐大，車廠與設立生產據點的地區也息息相關，尤其在經濟層面更是密不可分。甚至可以說，車廠的興衰直接影響地方經濟。由於馬自達的生產體制，馬自達與總部所在地廣島的關聯又比其他車廠來得更緊密（雖然美國、泰國、中國大陸都設有海外生產據點）。

但是，馬自達生產計畫向來以廣島總部工廠，與位於山口縣防府市的防府工廠等日本國內工廠為優先。這是基於馬自達對廣島地區的承諾以及企業的社會責任。每個人都很明白馬自達的營運一直是廣島區域經濟的重要支柱。如果馬自達將生產據點移往海外，廣島當地的產量減少，立刻就會影響廣島在地經濟。因此馬自達內部一直設定建立海外生產據點的目的，是為了彌補日本國內生產不足，除非必要，否則不會考慮移轉至海外工廠生產。

三一一大地震發生之前，馬自達的成績亮眼，二〇一一年度日本國內工廠生產總台數達八四萬七〇〇〇台，而海外據點包括美國、中國、泰國生產總計共三三萬八〇〇〇台，馬自達國內工廠生產數量明顯的超越海外生產總量。該年國內生產總量高達四分之三出口海外市場。

三一一大地震對馬自達在日本的生產活動造成巨大影響，自地震發生到三月底，僅短短三個星期，無法達成四萬六〇〇〇台的生產數，造成日本國內以及外銷裝船的成品車輛數驟減，原本不應受地震直接影響的海外市場銷售，也因此而停擺。

原本新世代核心技術即將進入最後開發階段，準備投產之際，遭逢三一一大地震。日本國內工廠停工近一星期，之後工廠的低稼動率、持續爆增的成品庫存等，各種難題瞬間如排山倒海而來。不只山內社長，每一位經營階層肯定都感到扼腕吧。事實上，三一一大地震後馬自達連續數日，手上的現金消失的速度就像流水一般。對製造商來說，比起遲遲無法預估何時恢復的狀況相比，工廠停工、製品滯銷等還只算是暫時的問題，根本就不足為懼。

如果眼前這些困境沒有解決，從二〇〇五年以來搏命開發的新世代產品線，恐怕就要胎死腹中，更別提要在汽車市場建立馬自達的品牌知名度，所有的努力都前功盡棄。馬自達更無法對大本營的廣島和山口盡到企業的社會責任。二〇一一年四月以來，管理階層四處奔走尋求維持公司營運的資金。即使在這麼艱苦經營掌舵的環境下，馬自達完全沒有打算修正二〇一〇年春季所規畫的中長期經營施策概要的預估業績，也就是年銷售一七〇萬輛、營業利益一七〇〇億日圓的數字。

公開發行增資與次級抵押貸款

相較其他車廠，海外生產比重偏低的馬自達（二〇一二年度約三二％），早在三一一大地震之前，就持續受到日圓匯率持續上揚的衝擊。在金融風暴時一美元約兌換一一四日圓，二〇一〇年則上揚到九三日圓，二〇一一年甚至到八八日圓。整體社會經濟低迷的狀況，就像日圓匯率長期上漲，一點都沒有逆轉跡象。

在金融風暴後，山內社長指示進行「構造改革」（組織和策略的改革），藉由改變體質幫助集團轉型，即使在一美元兌換八〇日圓時，馬自達也能禁得起嚴峻的經營環境考驗，依舊獲利。

如何籌措執行「構造改革」所需資金，也變成馬自達最大的問題。極度嚴峻的經營環境中，馬自達根本沒有多餘的資金。尤其是金融風暴次年的二〇〇九年，已經增資九三三億日圓，還不到三年的時間，再度提出增資計畫不但很難成功，甚至有可能遭金融市場跟投資家質疑。加上大量增加發行股數也常導致股價大跌，對股東絕對不是好消息。對馬自達來說，短時間內是否要再次增資，是個艱難的抉擇。

相反地，如果沒有資金投注，縱使成功開發 SKYACTIV 全新動能科技的新世代產品，恐怕也陷入無法投產的窘境。山內手下的幹部們為了此次資金東奔西走，拜訪對象從銀行到金融機構、投資公司、機構投資者等，透過詳細說明馬自達的經營現狀與未來營運計畫，希望能獲得大家的理解。當然不是全部都得到善意回應，有些企業甚至連馬自達的說明都不想聽。經過一步一腳印不斷地努力，在二〇一二年二月三日，舉行二〇一一年度第三季業績說明會時，正式發表推動「構造改革」以強化「新中長期實施策略概要」，也為二〇一二年度以後所需的巨額資金調度做了妥善規畫。

業績說明會後第十三天（也就是二月十六日），馬自達舉辦搭載全新 SKYACTIV 全新動能科技車款 CX-5 的新車發表會。

此外，短短六天之後，馬自達宣布籌資計畫，將採用公開發行增資與次級抵押貸款（次貸）同步進行，分別籌措資金約一六〇〇億日圓與七〇〇億日圓，兩者合計高達二三〇〇億日圓。

短短一個月內，迅速發表包括中長期經營計畫，CX-5 新車發表會以及財務調度計畫等一連串專案。因為只有獲得生產所需資金，獨創技術的優勢商品才能順利投產，唯有如此才能為馬自達的未來開啟一條光明大道。

現任社長小飼雅道回憶：

「社長手下、負責財務的幹部，都是打從心底完全信任工程師開發的技術，真誠感謝每一位投資馬自達和提供融資協助的個人與單位，我們才能有這二千多億日圓資金可以建設廠房。」

二〇一二年二月，扭轉馬自達的命運之月

無論如何，CX-5 發表會以及未來的市場銷售只准成功。山內社長在發表會當時肯定是如此期望，但山內是否真的對 CX-5 銷售有絕對的把握呢？答案大概只有他自己知道。

事實上，商品開發前的企畫階段時，國內營業本部評估 CX-5 車款的國內銷售目標為一二〇〇台，也就是汽油引擎車與柴油引擎車合計單月銷量一〇〇〇輛，換句話說，大家都對新車款的銷售沒信心。假設如此，那麼 CX-5 柴油引擎車能獲得多少訂單呢。

萬一，這個單月百輛的內部數字真的等於一年後實際銷售數字，市場對 SKYACTIV 全新動能科技的評價將大有疑問，也不禁讓人擔心緊接 CX-5 後續規畫的新世代商品，包括 Atenza（Mazda6）、Axela（Mazda3）、Demio 等主力車款的未來。甚至對二〇〇五年以來馬自達努力開發全新車種的戰略產生質疑，甚至「構造改革」也將岌岌可危。

雖然內部提出的國內銷售僅僅單月百輛，但山內社長下定決心要讓 CX-5 成功銷售，也才

會說出那句話：「創造市場，賭上馬自達未來的命運」。這不只是對媒體的喊話，同時也是以社長身分針對集團內每一位成員的宣言。

發表會後公布的籌資結果，馬自達成功募集到二一四二億日圓資金，其中公開發行增資一四四二億日圓、次級貸款為七〇〇億日圓。

好消息是除了籌資順利外，CX-5 的市場銷售也傳出捷報。新車發表會後首月接單數量達八〇〇〇台。相當於當初內部評估單月銷售量一〇〇台的八十倍。其中，柴油引擎車的訂單出乎意料地高達五八〇〇台，占訂單數量的七三％。之前到底是哪個傢伙說每個月只能賣一〇〇台？

市場對首發的新世代產品 CX-5 好評超乎預估，也因此讓進行「構造改革」的馬自達集團贏得市場信任，成功完成巨額增資案，此時，經營團隊也確實感受到山內社長提出「反攻」的用意。

小飼說：「當初為了次貸等資金調度而四處奔走，每一位山內社長手下的幹部，都是成就現代馬自達的開路功臣。」

由於成功籌措所需資金才能讓馬自達其後長達三年的研究開發，建設生產基地等資金不虞匱乏。其中最主要就是以 SKYACTIV 全新動能科技為首的研究開發費，高達約九七八億日圓，新世代產品線的生產設備投資約三〇〇億日圓，以及新設立的墨西哥工廠約三〇〇億日圓。

對馬自達而言，二〇一二年二月，可以說是關鍵的轉捩點。

第二章

「你們有夢想嗎？」

二〇〇五年七月，馬自達正式啟動社內組織總動員的長期戰略策定專案團隊。正如其名，這個團隊主要任務就是策畫馬自達未來方向及全新的中長期計畫。而以CX-5為首的新世代產品線就是從這個計畫誕生。

主導這個專案的是擔任社長兼執行長（CEO，Chief Executive Officer）剛滿兩年的井卷久一、副社長約翰．派克（John G. Parker），以及專務董事兼財務長（CFO，Chief Financial Officer）的吉迪恩．沃爾瑟斯（Gideon Wolthers）三位董事。依據三人指示，經營企畫室依據分類，分別負責人事、經營企畫、生產、工廠、採購、研究開發、資訊科技相關、媒體行銷，以及日本與北美等不同地區的業務，共分成十二個小組。

想打造世界一流車款嗎？

對這十二個小組來說，三位高階董事所賦予的任務就是依據各自的立場，提出對未來長期所需的具體經營資源的展望，換句話說，評估並提出能強化經營資源的策略。這三人綜合十二個小組的回報後，承襲二〇〇四年開始實行的中期經營計畫「馬自達動能」（Mazda

Momentum）的精神，歸納二〇〇七年之後馬自達經營計畫與具體實施方針。新成立的團隊命名為「跨功能團隊」（ＣＦＴ，cross-functional team）分門別類依序編制而成ＣＦＴ1到12。其中，負責研究開發工作的就是第六組（ＣＦＴ6）的組長，正是被指名為總計畫負責人的常務執行董事金井誠太。金井自一九七四年進入馬自達後，一直待在工程專業領域，二〇〇二年開始販售的第一代Atenza（Mazda6）車款，也正是由金井擔任主查（按：這裡指的是該車款開發專案的領導者）。ＣＦＴ全體團隊的首席負責人，就是井卷久一。

金井記得當初接下ＣＦＴ6這個團隊時的印象是：

「雖說要檢討如何強化經營資源，卻沒有明確執行的方針，也就是說，到底要成為什麼樣的公司？我們看不到願景。福特汽車入主經營將近十年，為了改善公司財務所設下的各種條件與規定，對任何事情都先精打細算，每個人都變成對任何事情只是自然而然地反射動作、光看實際效益並精打細算的人，這樣的人怎麼可能會有夢想呢？」

金井決定一旦接下這個任務，就得貫徹自己所堅持的方針。追尋夢想，就從現在開始吧。一直懷抱期望能打造出世界一流汽車的夢想，那麼，現在就去追夢吧！

當然也要讓每一位ＣＦＴ6的成員都抱著打造世界第一汽車的夢想。羅馬不是一天造成的，實現世界第一的目標，並非一朝一夕可以達成。除了有長期抗戰的覺悟，至少也得利用這個機會朝世界第一的方向邁進。

為了讓ＣＦＴ的運作發揮到極限，就得拋棄長期以來認定理所當然的種種限制與規範，提供開發團隊一個真正能夠激發出創新想法的環境。如此一來，才可能開發出極富競爭力的車種。無庸置疑，對汽車開發工程師來說，最大的夢想就是打造世界第一流的車。也唯有擁抱夢想，才能在開發途中無論遭遇到多少困難，都能堅持並超越難關的動力吧。大家擁有共同目標也能提升全體團隊的士氣。

從絕望中重生的馬自達品牌

金井對研發人員提出追求夢想的論點，並非一時興起的想法。與其說是金井本身的經驗，倒不如說是因為擁有馬自達這個舞台得以圓夢，還更貼切一些。如果更進一步了解CFT6的團隊投入開發的內幕，就必須要把時光自二〇〇五年再拉回十年前，簡單回顧一下馬自達的歷史。

在一九九〇年代正值金融界泡沫崩壞之際，馬自達陷入經營危機。一九九三年到一九九五年連續三年虧損。這三年間年度營業額約二兆日圓，但年度虧損分別為四八九億日圓、四一一億日圓及一一八億日圓。生產量也是不忍卒睹，一九九〇年高峰時期達一四二萬二千輛，到一九九五年遽減為七七萬一千輛，短短五年內產量幾乎腰斬一半，已到危急存亡之秋。當時，一九九六年四月，福特汽車決定以馬自達第三方發行新股方式，提供融資五二三億日圓。因此，福特對馬自達持股比例上升至三三・四%，入主馬自達的經營權。同時，由福特派至廣島原本擔任副社長的亨利・華勒斯（Henry Wallace）升格成為社長。馬自達不論在實質上或名義上，也都跟進福特集團旗下公司經營再造的計畫。

「福特入主馬自達經營」的新聞也讓產業界受到不小的衝擊。向來以技術立國自豪的日本，純日資的知名企業由海外公司入主經營，這恐怕是日本產業史上的頭一遭。不但對企業界如此，對於馬自達發源地的廣島來說，造成的震撼不是現今時代可以比擬的。回顧當時，某位廣島縣政府的官員表示：「馬自達變成美國公司啦，感覺就好像馬自達已經離開廣島了，實在讓人感慨。」

與其說是震驚，強烈的失落感或許更能貼切表達這種心情。當然，當下馬自達員工的士氣與心情就不難想像。

對馬自達而言，組織再造是一條充滿荊棘的道路。其中最具代表的就是二〇〇一年二月實施的優惠退休計畫（形同裁員），其實就是削減人事成本的政策，主要針對年資十年以上四十多歲和年資超過五年以上三十多歲的員工為對象，希望招募一八〇〇位符合條件的員工主動申請優退。以當時馬自達全體員工人數二萬一八七六人來說，最終的裁員比例竟高達八％。

當時是非常艱苦的時期，剛宣布完優退計畫後，時任馬自達社長的馬克・菲爾德斯（Mark Fields，自二〇一四年七月起擔任福特汽車執行長）對全體馬自達員工發表下列談話：

「對於申請優退而離開馬自達的每一位夥伴，都有嚴峻的人生在等待著他們。但是，對繼續留在馬自達的每一位而言，等待我們解決的工作與課題也一樣困難，甚至更嚴酷。」

福特管理階層的想法是，如果馬自達不積極變革，就只能坐以待斃。

嚴厲的裁員政策，正是二〇〇〇年十一月由菲爾德斯主導「千禧年計畫」（Millennium Plan）中的一環。當然也不能算是上上之策。千禧年計畫是自一九九六年福特開始參與馬自達經營重建的初期計畫中的一個階段，此時馬自達已經從經營危機中脫困即將邁入下一階段，回歸到原訂計畫的成長軌道。而這個千禧年計畫實施期間正值二〇〇一年到二〇〇四年。

一九九六年開始經營重建的初期，先以慣用的財政緊縮政策來止血，同時也開始著手重建因業績低迷而受重創的馬自達品牌。接著打響馬自達品牌，進而受到全球市場注目，可說是不可或缺的成長要素。

當時在福特集團旗下，除了原本就自有的福特、林肯（Lincoln），水星（Mercury），還有捷豹（JAGUAR）、荒原路華（LANDROVER）、奧斯頓・馬丁（AstonMartin）等，一九九九年還加入了富豪汽車（Volvo）。在和其他汽車品牌競爭前，就先得面對集團旗下眾多品牌的內部競爭，在這樣的背景下，馬自達也被迫要重新檢討馬自達品牌的定義與定位，思考如何建立自我品牌的存在感。

總結來說，這段「重建馬自達品牌」的努力過程，成為馬自達重要的無形資產，不但鞏固現今馬自達品牌的基石，也是組成現今眾多產品線的原點。

Zoom-Zoom的原點與金井誠太的Atenza（Mazda6）

接下來，簡單介紹馬自達如何重建品牌。

福特入主馬自達經營權的隔年，也就是一九九七年開始重建馬自達品牌。在一九九七年六月，福特集團高層集結於福特發源地底特律召開全球品牌戰略會議，會議主要目的就是為了明確定義福特集團旗下各品牌及其市場策略。換言之，在福特集團中找出「馬自達的自身定位為何？」「要維持並確立該定位，馬自達打算推出怎樣的車款？」這些問題的解答。

「馬自達的定位究竟是什麼？」

這個問題提出後一年，馬自達終於找到答案，那就是「馬自達品牌的ＤＮＡ」，且分別從「個性」與「商品」兩個層面賦予下面的定義。

個性ＤＮＡ

風格　Stylish

創新　Insightful

活力　Spirited

商品ＤＮＡ

卓越的造型設計　Distinctive Design

超群的使用功能　Exceptional Functionality

反應靈敏的操縱及駕控性能　Responsive Handling and Performance

現今馬自達全系列車款，都是根據上述個性和商品ＤＮＡ的定義所研發出的產品，細節容後再述。

「為了確立並維持如此的定位，馬自達到底想推出怎樣的車款呢？」

為了賦予品牌ＤＮＡ明確的全新定義，馬自達甚至毅然決然中止已經執行一段時間的新車款開發作業。因為如果依照原定計畫，開發出的車款恐怕將不符合馬自達品牌ＤＮＡ的定義，這是絕不允許的情況。為了開發出能真正符合品牌的設計，自二〇〇〇年十一月起，馬自達竟長達十八個月完全停止新車開發。對於一九六〇年代以來的汽車產業界而言，簡直是不可思議的決定。以汽車銷售界而言，長達一年半時間沒有新車發表，銷售店肯定是叫苦連天。遭人批評是魯莽輕率的決策也不為過。

不僅如此，馬自達甚至決定放棄已具一定市場知名度的車款，像是重新命名代表馬自達車款的坎培拉（Capella／626）與法米利亞（FAMILIA／323），藉此給消費大眾帶來馬自達全新的面貌與印象。也全面停產曾讓馬自達脫胎換骨成為四輪轎車生產廠的輕型車（按：輕型車是指全長不滿三・三公尺，車寬不滿一・四公尺，車高未達二公尺，引擎總排氣量未達六六〇毫升的汽車，法規上的各種義務也較輕），改為由其他車廠為馬自達代工生產的OEM模式。換言之，馬自達定重新修改產品開發計畫，斷然捨去效率不佳的車款，並將經營資源集中於開發中小型乘用車。

對舊開發計畫進行大刀闊斧地整頓，開始製作真正能具體表現馬自達品牌的車款。其中包括取名為Atenza（Mazda6）的新車款，取代原本支撐營業部門的二公升引擎的主力車款卡培拉。卡培拉在汽車分類屬於C或D級距（按：汽車主要分為乘用車與商用車二大類。主要多採德國標準，主要依據軸距、排氣量、車體重量等參數分為A、B、C、D級距。其中A級距是指小型車，B

級距是中小型車，C級距是中型車，而D級距則是指大型車。）相當於日本國內的中型乘用車，這也是福特旗下經營重建過程中，首輛以重新定位的馬自達品牌問世的車款。更因為如此，對馬自達而言，是不容許失敗的關鍵產品。

受到指名擔任Atenza的主查，別無他人，正是金井誠太。

金井進入馬自達近十五年，一直都隸屬底盤設計部門，在一九九九年八月擔任主查職務時，金井已經是車輛先行設計部部長。

Atenza開發之初並非由金井擔任主查。由於社內各種狀況，造成開發進度大幅落後而人事異動，金井才會於開發中途接棒。當時距離預定上市的二〇〇二年春季，已經沒剩下多少時間，突然改由金井擔任主查，加上依據新品牌定義的開發方針也因此而被迫中途變更，更壓縮開發設計的時程。先前金井以第三者角度旁觀時，也曾懷疑「真的能順利完成嗎？」如今卻意外受到指派擔任主查。對金井來說，這根本就是為人善後的苦差事。

距離產品發售僅短短兩年半的時間，實際上開發時程只剩兩年。除了得追上先前開發進度延誤的時程，還為了提升汽車性能，拚命追加更多功能，導致成本大幅提高，Atenza 開發成本的差距才更是令人頭大的難題。市場上馬自達車末端售價原本就一直不具競爭力，如果售價一如以往偏低，車型毛利率更將惡化。某企畫負責人就這麼說：

「這樣的成本差距，根本就比日本海溝還深。」

如此嚴峻的情況下，對領導者來說，到底怎麼做才能完成這不可能的任務。其中一個方法，就是讓參與專案的每一位都能以擁抱夢想的熱情，全力實現這個夢想。但是，實現夢想也得冷靜看清現實並站穩腳步，換句話說，不只要有圓夢的熱情，也要具備精打細算的冷靜。因此金井把 Atenza 的主要開發目標訂為：

一、新馬自達的首發款，能具體實現馬自達品牌的個性。

二、將 Atenza 打造成D級距車款的世界指標。實現馬自達品牌DNA中的優異操控性能，成為世界一流車款。

因此，金井提出「成為世界的標竿」和「成為全球最強」二大口號，期望透過努力克服成本差距，以實現夢想。

兩年半後的二〇〇二年五月，Atenza依照預定計畫，成為新馬自達品牌所推出的首發款。

領先十年的未來科技

受益於曾經擔任馬自達重要新車款Atenza主查的經驗，金井對二〇〇五年七月即將啟動的CFT專案充滿期待。當被指名接任CFT團隊第六組（CFT6）的專案負責人時，對金井來說，這種感覺應該也不陌生。與開發Atenza專案不同的是，這一次研發對象將擴及到馬自達全車系產品，這簡直是可遇不可求的機會。

如本章開頭所述，二〇〇五年以井卷為首的三位董事所提出的指示，希望各部門根據立場對著眼未來所需長期經營資源，提出具體的規畫。當時，金井不只是完成頂頭上司的指示，更想要進一步妥善運用這個絕佳機會，重新思考並積極開發新車款。從六年前擔任 Atenza 主查的立場，現今則是身為負責馬自達經營相關的常務董事，金井應該更能讓負責開發的團隊大膽提案並充分發揮實力，使之開花結果才能開拓出全新馬自達未來。金井帶領的ＣＦＴ６的六位成員是分別來自技術研究所、技術企畫、商品戰略和經營企畫等主管，各自手下也帶領眾多的研發工程師。

金井對他們說：

「你們大家有夢想嗎？」

夢想到底是什麼？他們應該共同擁抱的夢想到底是什麼模樣呢？金井說：

「讓我們一起來打造世界一流車款吧！」

十年後（二〇一五年）的馬自達車，到底該具備哪些功能？十年後，夢想中的馬自達車到底是什麼樣子呢？只要能夠描繪出夢想車款，一定可以預見世界未來一流車款的樣貌吧。

只要是汽車業的開發工程師，每個人一定都懷抱打造世界一流車款的夢想吧。不過，大多數人的夢想幾乎無法實現。因為這些人光是處理每天被追著跑的開發工作就忙不完了，原本心中描繪的夢想，恐怕已在不知不覺間煙消雲散了吧。反過來想，如果能從每天無頭蒼蠅般繁忙的雜務中解脫，他們或許就可以朝著創造世界一流車款努力邁進。這就是金井所期待的。

一般車廠會讓研發量產品的工程師，以二到三年的時間投入新技術研發。因此，當有新開發案時，大家通常會先衡量這段期間自己的實際狀況，並以二至三年時間完成新車款研發，到真正問世之前，還會有一至二年的時間。所以開發時間一般都是設定在五年左右。也因此開發工程師對未來技術預估的視野也大多落在這個範圍之內，例如二〇〇五年時，大概只能預估到二〇一〇年的車款設計。

金井則要求所有工程師將眼光放遠一點，比以往的五年計畫加倍的時間，思考十年後（二〇一五年）的產品。

「那麼久之後的事，想都沒想過。」

當下大家異口同聲說出的回應，這早就是金井預料之中的狀況。金井相信每一位馬自達的同仁，定都期望馬自達車能成為世界第一等，期待大家擁有共同的夢想與目標，才能點燃大家追求夢想的熱情。

金井認為，問題就在於如何革新馬自達研發意識，讓馬自達車能徹底煥然一新。會有這樣的想法主要基於二大理由。

引擎是駕馭樂趣的功臣

首先，該如何整合馬自達的品牌策略與社會大眾所期待汽車產業的社會責任。

如前所述，福特旗下的馬自達品牌ＤＮＡ定義已經制定完成。當時的馬自達，希望品牌精神能以一句話簡單傳達，而提出一些吸人注意的宣傳標語。因此，由金井擔任主查開發的

Atenza 二〇〇二年問世時，也推出 Zoom-Zoom 的宣傳標語。Zoom-Zoom 是形容小朋友初次搭乘交通工具時既期待又興奮心情的用語，至今也經常使用於馬自達的廣告與文宣上。

陸續投入開發符合 Zoom-Zoom 形象，象徵馬自達新生的 Atenza（Mazda6）、Axela（Mazda3）、Demio 等主力車款，讓馬自達低迷的業績回升，也逐漸步上成長的軌道。最具體明顯的例子，就是實施優退計畫的二〇〇〇年度虧損一五五二億日圓，在二〇〇三年度就轉虧為盈，獲利三三九億日圓，到二〇〇四年度結算稅後淨利四五八億日圓。但在這幾年間，汽車產業所處的大環境開始轉變，消費者對汽車環保效率的關注日益增加。此外，汽車環保稅於二〇〇二年度正式實施，針對排氣量與燃油效率表現較佳的環保小型車，提供減稅等優惠措施。

由於汽車環保稅優惠措施的施行，報章媒體也大幅報導由汽油引擎搭配電動馬達組合而成全新的驅動系統的油電混合車，與單純依靠電動馬達的電動車。

馬自達雖然期待以 Zoom-Zoom 的宣傳標語逐步改善企業形象，不過，隨著油電混合車與電動車給人重視環保效率的印象，大家反而開始擔心，Zoom-Zoom 是否會對馬自達企業形象造成不利影響。甚至在銷售現場也聽到：「Zoom-Zoom 難免會讓大家認為汽車是造成廢氣排放的不良印象，一直只講 Zoom-Zoom，真的沒問題嗎？」

第二點，馬自達新品牌定義開發出的第一代產品好不容易才投入市場，真正符合全新馬自達品牌定義的研發工作，其實還有許多難題有待克服，如何從剛剛才建立馬自達品牌的工作中理出頭緒，並讓開發團隊朝目標往前邁進。

對工程師來說，有馬自達標誌的乘用車，就代表卓越的操控性能與懸吊系統。Zoom-Zoom 的宣傳口號，以大人而言，Zoom-Zoom 代表充分享受駕馭樂趣，但是，萬一有人問：「引擎能否提供 Zoom-Zoom 的駕馭樂趣？」金井當下也無法回答：「對」。

原因詳述如下。

福特汽車是一家追求規模經濟（economies of scale）的企業，推動大量生產，並透過大量生產模式降低成本。此外，要求集團旗下各子公司使用自家所開發出的技術與設備，期待以世界級規模生產追求最低的成本。依據這個方針，福特集團在一九九〇年代後期，以年產量達一五〇萬台的驚人規模為前提，要求旗下各子公司參加研發比賽，致力研發未來十年期間可用的引擎。

福特並非想開發出世界最強性能的引擎，福特製造車輛的原則，只求產品性能符合「與市場領導品牌相當」的程度即可，換句話說，只要產品能受到市場認定為高階產品就算合格，因為若要成為世界第一，勢必就會增加成本。所以，福特始終認為沒有追求極致的必要，就連對於引擎（汽車的心臟）也是抱著相同的態度，與其追求滿分的性能，只要確保開發成功的車款性能，足以與競爭對手相提並論即可，引擎設計如何才能進一步降低開發成本，才是福特關注的重點。馬自達在福特集團舉辦的引擎研發競賽中，獲勝的就是MZR引擎。這款引擎在世界各地生產，廣泛搭載於福特集團旗下子公司的小型車款。二〇〇二年起，馬自達新車當然也是搭載這款主力MZR引擎。

首款搭載MZR引擎Atenza的主查，正是金井誠太。即使Atenza在市場上交出亮眼的成績單，對工程師來說仍有未完成的夢想。雖然說Zoom-Zoom，難道是指引擎Zoom-Zoom的聲音嗎？有沒有辦法成為世界頂尖？

馬自達一直以標榜「駕馭樂趣」自豪的車廠，其中最大的困難，不就是引擎嗎？直至今日，馬自達品牌定義中，真正能夠提供車主「駕馭樂趣」的引擎，依舊尚未完成。

五年內實現未來的技術

「還那麼久的事情，連想都沒想過啊！」

「拜託，就想想看吧！」

雖然嘴巴這樣回答，其實金井的腦袋裡已經在盤算了。

為了實現夢想，就必須徹底打破長久以來以五年為單位的開發流程。馬自達內部的技術研究所，研究的不是短短二、三年後的產品，而是思考未來十年後的前瞻技術。無論思考未來十年後才可望實現的產品，或是其他競爭對手想不到的新點子，因為新技術並非短短二、三年就能產品化，所以多半無疾而終。如果只要給予充足的時間，就能將這些創意實現成為產品，那不是應該二話不說立即下注嗎？其實仔細一看，就會發現馬自達內部，到處都可以發現各種遭人荒廢的「素材」。

「把眼光放遠，著眼在未來的十年後，如果能有足夠時間，不就可以追求夢想了嗎？我要說的，可不是今天明天該做些什麼。即便如此，我們好不容易進入馬自達，還幸運地進入開發部門，難道你不想打造世界一流車款嗎？」

不出所料，一切就宛若金井所安排的一般，CFT6團隊以六人領導為中心，逐漸開始對馬自達的理想樣貌、應該具備的技術等進行各種討論。大家對開發作業的思考方式也發生變化，從引擎開始，包括所有構成汽車的重要零件的底盤、車體、懸吊系統、驅動系統等，也逐漸形成一股以開發世界一流車款為前提來思考的風氣。

「把你們以往在馬自達公司內所灌輸的既有觀念，工作的方式，甚至腦袋裡對開發各種規矩與限制都可以拋掉，努力去探究理想的技術。」

金井把話都講到這麼白了，當然大家討論也就變得更加活絡。加上感覺距離二〇一五年還有很足夠的時間，只要心情放鬆，大家的討論就愈來愈熱烈，不知不覺之間，工程師們甚至七嘴八舌描繪出未來十年後的馬自達全車系，甚至討論馬自達應該有什麼樣的願景。

一開始原本是收到命令而被迫思考，也就成為被動討論，不過，時間一久，大家開始主動思考「好想要有這個」「無論如何一定要變成那樣，真想那樣做」有這些強烈的想法，彼此之間的討論也變得主動積極多了。

金井表示：

「結果大家七嘴八舌地抛出各式各樣天馬行空的想法。不過，大家想法都是以『現在』為基準，運用目前已經可用的技術，提出未來十年後可實現的創意跟發想，我全部都否決了。」

金井要求開發團隊必須找出十年後馬自達應該具備哪些競爭力，以及針對培養這些競爭力提出具體提案。長久以來，大家在檢討技術的過程中，最常提出與其他車廠的比較，或者是基準（benchmark，檢討所設定目標產品的技術與產品優劣），金井連聽都不聽。有時候甚至毫不思索當下拍桌子大罵：「我不想聽這些，你們給我好好想想，給我拿出真正能讓大家嚇一跳的創意！」據說，有不少工程師挨了金井一頓罵。

其實，金井期待營造出大家能熱烈討論未來十年後的前瞻技術。順利的話，甚至創造一個大家都積極暢談夢想的氣氛與環境。

為了順利讓馬自達在二〇一五年重生為全新樣貌，現在就必須完成馬自達全車系的產品規畫，包括Atenza、Axela、Demio等這幾款主力車種也不例外，產品規畫的創意也必須能有讓人意外的驚喜。一般來說，新車款的開發與市場導入，市場行銷通常長達好幾年，切換產品線的過程同樣需要好幾年的時間。所以，目標設定在二〇一五年的同時，如果不提前二至三年開始規畫準備相關車款轉換，就會來不及。

當開發工程師們熱烈討論未來十年後馬自達全新樣貌之時，金井一直在等待適當時間提醒他們這個事實。因為如果討論還未進入白熱化的初期階段，就點出這個事實，那麼好不容易營造的氣氛恐怕就此打住。所以，必須等待時機成熟，換句話說，即使金井對大家潑冷水也絲毫不受影響的那一刻，反而更能點燃大家的鬥志；金井果然老謀深算。

「大家打算十年後開發的第一台未來車款，最慢也得在二〇一二年問世。開發時程還得提前一年，也就是二〇一一年。換句話說，你們還能夠用來研發的時間，就是今天開始算起五年。」

對這些正討論熱烈的工程師而言，簡直就是當頭棒喝。原本討論以為有十年充裕的開發時間，實際上開發時程竟然腰斬，只剩下五年時間。這種感覺就像是人爬上了二樓後，發現梯子居然給人偷偷拿走一般。更糟糕的是，這些提案還不是別人指派的，這些完全都是自己主動提出具體可行且應該要有的「理想樣貌」，現在沒有退路。所以根本不是別人趕自己上二樓，竟然還是自己爬上去的。如果因此放棄，恐怕大家的自尊心也不允許，反而更激發工程師的技術魂。

其實，這一切都照著金井規畫的劇本行進。

五年開發時程，其實是這樣規畫的。

如同前述，新車款所需的新技術開發時間，通常需要三年。規畫五年其實已經比以往慣例多出二年。金井說，二年時間是有特殊用意的。開發工程師可以利用這多出來的時間，找出更多讓人驚喜的可行技術，並思考如何成功的方法。

一直以來，開發團隊的開發工作常常是給時間追著跑，都未曾有充裕的時間，大多數產品的開發都是迫於時間壓力而無法徹底執行完成。只要這狀況反覆重演，時間一久，開發工程師自然而然就認定這就是正常狀況。而金井希望以二年時間，消除舊有限制和束縛，工程師應該就有足夠時間與心情自由地發揮創意吧。

萬一嶄新技術無望實現，新車款開發時間也還剩三年，利用剩下的三年，把既有技術或創意加以發揮與磨練，只要趕得上新車開發時程即可。所以，就算必須放棄當初原本讓人驚喜的新技術，推出的新車款也一定能滿足市場銷售最低要求條件。

「一開始的兩年，你們大家做什麼都可以，即使失敗也沒關係。」

取消舊體制的管制約束，擁有天馬行空的幻想自由，唯有隨心所欲地飛翔，才能建立自信，就是金井對大家的期許。

以提升三〇％燃油效率為目標

透過上述做法慢慢改變工程師的開發思維，等到能夠隱約描繪出馬自達未來十年後車款的具體形象時，馬自達管理團隊針對日益重視環保效率的社會大眾以及公司內部，發布馬自達嶄新技術的開發策略。

這正是二〇〇七年三月發表的技術開發長期願景「永續 Zoom-Zoom 宣言」。

事實上，二〇〇五年五月啟動的長期戰略策定專案團隊，就是一邊檢討新中長期計畫的同時，同時積極研究「永續 Zoom-Zoom 宣言」的內容。

這個宣言的重點目標，就是自二〇〇八年到二〇一五年，銷售世界的馬自達全車系要達到平均改善三〇％以上燃油效率。這不只是馬自達以身為企業所努力的目標，更是馬自達對社會大眾的承諾。

提升三〇%燃油效率的數字讓眾人驚呼，對馬自達是否能完成這樣的目標，大家更是半信半疑。

當時，所有汽車廠為了有效提升燃油效率，採用汽油引擎與電動馬達共存的油電混合車。油電混合車利用與電動馬達交錯使用，降低汽油引擎排出廢氣量，也有助降低空氣汙染。因此成為廣受消費大眾歡迎的環保車，再加上給人高科技的印象，日本國內銷售數量持續增加。如果不考慮自家長期生產的舊款汽油引擎車的燃油效率，只以油電混合車來看，全車系燃油效率提升三〇%其實並沒有那麼困難。

但是，馬自達所說的是，包含全世界販賣全車款平均燃油效率提高三〇%。由於馬自達並未推出油電混合車，因此發布包括汽油引擎及柴油引擎為驅動系統的全車系，將提升燃油效率三〇%的宣言時，社會大眾半信半疑的反應實在也不為過。

馬自達的理論其實很簡單。

往後全球交通運輸所需能源，在減少依賴化石燃料的潮流下，選擇的種類勢必愈來愈多元。然而，預估今後汽車生產數量仍會持續增加，至少在二〇三〇年或四〇年左右，化石燃料將持續扮演能源要角。所以如何盡量降低每輛汽車的化石燃料消耗量，除了是社會大眾的期待，更是各汽車大廠的重要使命。

雖然明白油電混合車能夠有效改善燃油效率，但是對於馬自達而言，將經營資源與開發資源集中，專注於提升「既有引擎（內燃機）」的性能，才更能符合經濟效益。對於購買馬自達車輛的客戶來說也省荷包。以油電混合車為例，如果客戶選購同品牌的汽油引擎車，則完全沒有享受到油電混合技術的優點。因此馬自達希望能做到無論客戶選購何種車款，馬自達旗下全產品所搭載的都是當下最新領先技術。換言之，馬自達堅持每一位客戶都能夠享受汽車頂尖技術的優點，不應該隨著車款而異。這就是馬自達所提倡「顧客利益就是馬自達的利益」。

基於這樣的背景，馬自達提出強化內燃引擎，全車系平均燃油效率提升三〇％的研發方針。

不過，對於馬自達而言，因油電混合車開發時程起步較晚，所以不得已只能從改善內燃機引擎著手。並非馬自達忽視環保車種的開發，相反地，馬自達長期投入研究獨家轉子引擎技術追加新功能，或者開發汽油與氫氣並用驅動（油氫混合車）汽車，甚至電動車款的研發。眼見其他車廠的油電混合車在市場上銷量持續增加，再加上政府實施環保車減稅措施的推動等，不管是來自馬自達公司內部或是消費者的要求，必須加速完成提升馬自達車環保效率標準。而油電混合車開發競賽中，馬自達根本已經落後一大圈，不管以時間或資金觀點來看，馬自達最佳選擇絕對是透過改善內燃引擎來提升環保效率。

脫胎換骨的資金從何來？

基於所堅信的理論，馬自達斷然決定自二〇〇七年到二〇一五年，以八年時間提升三〇%燃油效率，馬自達上下一心，從引擎到車體，包括從引擎與變速箱等汽車驅動系統，甚至汽車所有零組件從零開始檢視，全部重新設計以提升整體環保效率。比起二〇〇一年到二〇〇三年，福特重振經營期間所主導投入開發 Atenza 與 Axela 的新車款時，進行變革的幅度更是有過之而無不及。

要脫胎換骨達成馬自達全公司的目標，當然也需要相當的資金。馬自達是否能夠募得足夠的資金呢？

從結果看來當然是湊足資金，但在當時用「希望相當渺茫」來形容，會更貼切吧。

二〇〇一年度，馬克・菲爾德斯規畫的馬自達中長期經營計畫「千禧年計畫」，讓馬自達開始真正步上成長之路。這個千禧年計畫也如預定在四年後結束。二〇〇三年擔任社長的井卷則提出「馬自達動能」（Mazda Momentum Plan）中期計畫，訂下從二〇〇四年度起，銷售利潤達一〇〇〇億日圓以上、全球出貨量達一二五萬台、負債率（自有資本率）為一〇〇%以下的目標。正好就是二〇〇五年金井提倡「追求夢想」。由於中期計畫進行相當順利，全球出貨量僅略低於目標數字，達一一七萬七〇〇〇台、銷售利潤達一五八五億日圓（達成率超過一五〇%）。此外，負債率降為四九%，也順利達標，可以說交出了一張及格的成績單。

全車系產品線規畫則以千禧年計畫所推出的主力車款為基礎，設計開發出包括VERISA、Premacy等七種衍生車款，也為馬自達的業績帶來相當的挹注。其中，VERISA一直到二〇一五年夏季，長達十一年時間都未曾改款，在現今汽車業界來說，簡直就是少見的長青車款。馬自達業績日漸好轉，也終於從一九九六年以來多年的經營危機中解脫，好不容易才開始步入期待成長的階段。一向由金井負責的研究開發費用逐年增加，從二〇〇四年九〇八億日圓、二〇〇五年九五七億日圓，逐漸增加到二〇〇六年一〇七六億日圓。

會提出永續Zoom-Zoom宣言，正是以這些數字為背景。

內燃機引擎真的有辦法改善燃油效率超過三〇%嗎？突然有人提出這個要求，如果只是口頭說說就能夠改善，那大家都不用傷腦筋了。該不會是一直沒開發出油電混合車的馬自達，只是以此當成爭取時間的藉口吧？即使受到人質疑，馬自達經營團隊仍堅持原訂計畫，不改變決定。

如同本章一開始提到，原本應該緊接著馬自達動能計畫後的「中長期實施策略概要」，就是以成功開發此項技術為前提。馬自達經營團隊在二〇〇七年三月，推出名為「馬自達提升計畫」（Mazda Advancement Plan）的新中期計畫。預計在二〇一〇年度為止的四年內，達成全球銷售量一六〇萬台以上、全球銷售獲利超過二〇〇〇億日圓的目標。二〇〇六年度實際成績，前者增加三六％以上、後者提高二六％以上。假若達成一六〇萬台的銷售數量，便打破一九九〇年歷史最高銷售紀錄，真正意味馬自達已經朝下一階段成長的路途邁進。

經營高層對金井所領導的開發團隊的期待愈大，金井所肩負的責任也更加重大。

在這樣的經營環境下，身為高階主管的金井，到底要怎麼做，才能鼓勵開發工程師勇於實現夢想，同時又能兼顧成本呢？

第三章

馬自達得到福特首肯而開啟獨立開發之路

二〇〇五年七月某日，商品企畫商業本部長藤原清志，被叫到常務執行董事金井誠太的辦公室。藤原先前任職歐洲馬自達汽車歐洲公司（ＭＭＥ，Mazda Motor Europe）副社長兩年，一個月前才剛回日本。

至於為何會被請到金井辦公室，藤原早有準備。

「這次一樣就是討論跨功能團隊（ＣＦＴ，cross-functional team）的事情，我也是ＣＦＴ團隊中一員，授命擔任ＣＦＴ６小組負責人，所以希望藤原君能接下這個任務，擔任團隊的領隊（負責人）。」

藤原爽快地接下任務。

由各自負責行銷與經營等專業領域，共十二個小組構成跨功能團隊，簡稱ＣＦＴ團隊，其中ＣＦＴ６專職負責研究開發工作。如前所述，這個團隊集結了包括來自技術研究所，技術企畫，商品戰略，經營企畫等核心部門的六位高階幹部。金井期待領導這個團隊的核心人物是個能夠「談論夢想」的人。從當年春天開始啟動的ＣＦＴ６團隊，其實已經指定某個務實而且擅長精打細算的工程師擔任隊長，金井決定找一位具備闡述夢想能力的「浪漫派」，來與現實派取得平衡。而藤原天性開朗，再加上勇於面對挑戰的個性，恰好就是金井認為最適合擔任這份闡述夢想工作的最佳人選。

共同描繪次世代馬自達車款

金井非常了解比自己小十歲的藤原的狀況。一直以來，金井覺得藤原跟自己有相同的理念。這是因為在福特入主馬自達經營期間，兩人都曾擔任過主查，負責當時依據品牌戰略所研發推出的主力車款，可以說是並肩作戰的盟友。前章也曾提過，金井曾是第一代 Atenza 的主查。緊接著 Atenza 發售三個月後，二〇〇二年八月開賣的馬自達主力車款 Demio，負責的主查就是藤原。馬自達經營重建時期，兩人幾乎在同時期負責新車款開發工作。就是因為每一種車款都肩負全新馬自達品牌定位的重任，受到眾人期望，正因如此，兩人在福特掌權主導期間擔任主查工作，或多或少也經歷不少類似的辛苦過程。

雖然各自負責不同車款，但兩人之間卻有許多共通點。

藤原在Demio上市的隔年（二〇〇三年）三月，即遠赴德國MME赴任，再回到廣島已經是兩年後的事。派駐德國兩年的經驗，也為藤原後來負責CFT6的新工作，提供許多非常寶貴的經驗與資產。

藤原在MME官拜副社長，也是歐洲區開發負責人。其實MME可以說是馬自達總部的縮小版，工作內容除產品企畫、設計、技術研究之外，也設有評估車輛性能的實際研發團隊，唯一的差異就在沒有真正的設計團隊。

測試開發車款與試作車款，現行車種後回報給廣島總部，也是MME負責的重要工作之一。藤原不用馬自達車作為日常代步工具，而是盡量駕駛奧迪（Audi）、BMW或賓士（Mercedes-Benz）等歐洲車。透過每天駕駛實際感受歐洲車與馬自達車的差異，並把馬自達車可改進之處記在腦中。偶爾也會把馬自達車送到義大利某公司實驗室進行風洞測試，並嘗試對總公司提出解決方案。

藤原不斷地檢討這些結果，並對廣島總公司提出各種改善建議，可惜並非全部提案都能讓總公司欣然接受，或是反映給研發團隊。

由於對於廣島總部的「家務事」多少也了解，所以對於總部反應慢半拍或意興闌珊的反應，藤原並不感到特別意外或挫折。依舊保持正面思考，認為還不如等自己回廣島之後，再來執行自己的提案。

因此，藤原的每一天都過得相當充實。派駐德國約莫過了一年半，藤原正打算對廣島馬自達總部提出申請，希望能將原定兩年的派駐期延長一年。在原訂任期結束的二〇〇四年底時，藤原甚至已經找好第三年居住的新房舍。不知總部是否知道藤原的意願，就在二〇〇五年五月將藤原召回廣島。

其實，另一個藤原不想回廣島的理由，也正是藤原派駐德國的原因。藤原回想起當時的心境：

「二〇〇二年所推出的新款 Demio 銷售成績一敗塗地，所以才被降級外派到德國，當成懲罰。」

對二〇〇〇年開始擔任 Demio 主查的藤原來說，這還真是個下下籤。

這段經過在 CFT6 之後，藤原對於開發工作所抱持的態度也有很深的關係，詳述如下。

二〇〇二年八月，在新款 Demio 開賣三個月後，日本國內營業本部開始檢討市場銷售失利的原因。因為好不容易推出新車款，不但沒有登上日本國內汽車銷量前十名，而且從八月開賣以來銷售低迷，統計至十一月底的四個月間，平均月銷售量約六一〇〇台。與二〇〇一年舊款 Demio 平均月銷售量五一〇〇台相比，推出的新車款對於刺激銷量完全沒效。時任馬自達社長的路易斯・布斯（Lewis Booth）大發雷霆地撂下重話：「今年每一種車款銷售都要打入銷量排行前十名。」甚至不顧藤原反對，將原定的購買客層從重視汽車性能的男性，擅自變更為以日常使用方便為主的女性客群。不僅如此，採用女藝人為廣告代言人，車體顏色加入粉紅色選項等各種手法，好不容易將新款 Demio 擠進市場銷售前十名。藤原說，造成此次失誤的罪魁禍首，就是擔任主查的自己，這也是派駐德國的導火線。

剛剛問世的新款 Demio 會受到如此嚴厲責備，也是有其時空背景。事實上，新款 Demio 是福特正式接手馬自達經營之後，在一九九六年八月首推問世的新車種，搭載一・五公升引擎五門迷你廂型車（minivan），因為車內寬廣的空間設計而廣受好評，進而帶動銷售。連續數月日本國內單月銷售破萬，一九九八年三月，甚至一度達到一萬四二五〇台紀錄，對長期苦於經營不振的馬自達來說，簡直就是久旱逢甘霖。正因如此，業務單位期待新款 Demio 問世，能夠再創奇蹟席捲市場。但新款 Demio 卻未如預期暢銷，期待愈高，所以造成反彈也愈大。

但是，藤原深信自己對 Demio 並非隨便敷衍了事，也已經盡了個人最大極限。為什麼會這麼說呢，其實 Demio 的基本設計與一九九六年的設計沒有太大改變，在福特提供極少預算之下，能做出在日本國內賣得出去的產品已經很不容易，更別說新車款還必須讓消費者感受到馬自達全新品牌定義的重責大任，這不合情理的要求，恐怕換成任何人都無法達成。

所謂的提供極少預算就是這樣。

福特要求以集團共用的全球共用平台（車用平台，即汽車基礎的架構）為設計基礎，來開發 Demio 車款，也就是盡量以福特既有小型車 FIESTA（嘉年華）的基礎設計加以發揮。藤原面對這種開發條件實在頭痛不已。最大的問題在於 FIESTA 操作裝置（包括方向盤與油門等），與Demio的設計完全相反。把左駕的操作裝置改成右駕，改造勢必是個大工程。光是方向盤的位置、油門與煞車等踏板，以及引擎室內的煞車裝置等都必須左右對調等等，需要變動的零件不勝枚舉。更何況，馬自達認為連小型車都必備的手動變速功能，在福特小型車FIESTA的基本設計上，就僅僅提供搭載自動變速功能而已。

諸如此類各種綁手綁腳的規定對福特集團來說，雖然希望藉此徹底標準化以追求經營效率，但以馬自達的立場而言，以這樣的開發條件，別說要追求效率，就連降低生產成本都極為困難，怎能奢求獲利呢？雖然在這樣綁手綁腳的限制下，藤原期待能在新款Demio實現馬自達全新定義的品牌形象。因此，從一九九八年到二〇〇〇年，引用藤原所說，根本就是上演「馬自達大戰福特」。這段大戰期間藤原固定每個月三個星期出差海外，等於每個月只有一個星期留在廣島的馬自達總公司。即使待在廣島的期間，常常都是徹夜待在公司，無法與家人見面。拜此所賜，體重也減輕了不少。

經歷這段辛苦過程，藤原才慢慢理解福特的思考模式，才有辦法在福特集團中，找到馬自達繼續立足生存的對策。這段過程對藤原來說，具有極大的價值。

藤原之所以欣然接受金井請他擔任ＣＦＴ６「領隊」的委託，是他擔任Demio主查時與福特長期的抗戰，加上擔任德國分公司ＭＭＥ副社長兩年間新發現的工作難題。藤原希望充分發揮這些經驗並運用於ＣＦＴ６團隊，因此，二〇〇五年七月二十三日，正式接下負責人的工作。

馬自達的願景是什麼？世界一流車款又是什麼？

如前所述，依據經營高層的指示，身為經營企畫團隊的ＣＦＴ６最大任務，就是在研發領域討論並研議長期所需的研發資源、資金需求、人才需求等經營資源，並提出報告。經營階層並根據此報告內容進一步規畫訂立未來中長期經營企畫建議書。

金井說：

「如果連具體目標都沒確定，就要求大家思考如何強化經營資源，不就本末倒置了嗎？首先，大家討論內容其實都還看不到什麼願景，應該先想想，到底我們想做什麼才對吧？不是這樣子的嗎？」

藤原完全同意金井的論點。

以公司立場來，唯有找到未來的願景，大家才能開始討論「到底想做些什麼？可以做些什麼？」

幸好，當時的馬自達業績持續穩健成長，至少還有這樣討論的空間。從二〇〇四年度開始，長達三年的中期經營計畫「馬自達千禧年」有三大目標：年度全球出貨量一二五萬輛、年度獲利超過一〇〇〇億日圓，以及負債率（自有資本率）降至一〇〇%以下。幾乎隔年（二〇〇五年）下半年就有可能達成後兩項目標。比起公司陷入經營困境之時，現在公司業績蒸蒸日上，當然比較有餘裕討論。甚至連公司內的氣氛也有明顯改變。

所以，藤原也同意金井建議「先將目前經營企畫的『功課』暫放一旁，先從說出到底馬自達想研發出怎樣的車款的夢想開始吧！」而且現在正是絕佳時間點，利用這次的ＣＦＴ團隊的機會，好好追求並規畫多年來的夢想。

藤原除了前述二〇〇三年起派駐德國兩年之外，其實，早在一九九八年也有四年派駐德國的經驗。當時，馬自達的車款總是比不上歐洲車。但當二〇〇三年藤原再次德國派駐擔任MME副社長時，認為由金井擔任主查所開發出的Atenza，不同於以往的馬自達車款，應當可以跟歐洲車款一較高下。縱然自信滿滿而躍躍欲試，實際在德國高速公路試車之後，反而對這個期待卻產生了疑問。兩者之間的差異竟然是天差地遠。

「怎麼會這樣？」

雖然時速一二〇公里時車子仍非常穩定，一旦超過時速一四〇公里高速駕駛時，車體就逐漸晃動；反觀德國車，即使時速超過一四〇公里以上，車身反而更穩定。尤其遇到下雨天，就可以明顯感受到雙方的差別。

不只如此，持續高速駕駛的油耗表現，馬自達車也明顯落後一大截。很明顯地，油耗表現不如人的原因之一，就是空氣動力特性。空氣阻力愈大，當然就愈耗油，當時與馬自達競爭的同類汽車，只有BMW車體下底盤部裝有整流器。此外，為了預防淨化廢氣排放裝置的觸媒轉換器溫度上升，所做的設計也導致燃油增加。由於 Atenza 連續高速行駛，排放廢氣溫度上升導致觸媒轉換器本身溫度升高。但可能造成觸媒轉換器內部重金屬因溫度上升而融解，也讓排氣淨化效果大打折。為防止這種現象發生，馬自達提高汽油供給量讓引擎燃燒溫度下降，排氣溫度自然就跟著下降。德國車並未採用這種設計，因為高速行駛時引擎在高迴轉高負載情形下會達到理論空燃比（接近理想狀態的燃料與空氣混合比例），加上引擎動作範圍變大，排放廢氣溫度就不會上升到將內部重金屬融解溫度，反而沒必要做這樣的設計。

不過，如果將馬自達的商譽考慮在內，日本國內眾多車廠的燃油效率競賽中，事實上馬自達也不得不這麼設計。日本國內法定最高速限為一〇〇公里，由於較少長時間超過時速一二〇公里駕駛的情形，還不如專心改善時速一二〇公里以下的燃油效率，更能兼顧客戶的利益。但是，若是時速一〇〇公里到一二〇公里間的加速，燃油效率表現就要比速度感更重要。

話雖如此，日本國內的情形也能算是個別區域的狀況。馬自達若無法克服這些弱點，就沒辦法獲勝成為世界第一。即使馬自達最得意的懸吊系統與操控性能表現再優秀，如果相當於汽車心臟的引擎機構無法匹配，全部都是空談。換句話說，若要成為世界一流的車款，就必須研發出世界第一的引擎，這絕非單純改良目前馬自達供應全球福特集團所使用的MZR引擎那麼簡單。如果不換個腦袋，從完全不同的角度來思考，就無法研發出世界第一的引擎。藤原身處德國，站在與金井完全不同的立場，深深體會到如何才能成為世界一流車款的各種想法。

生產世界第一的好車，與歐洲名牌車款相提並論，也才能一決高下。不，假如能做出世界第一好車，不就可以輕輕鬆鬆打敗其他對手了嗎？藤原雖然用這麼狂妄的口氣講出馬自達的夢想，另一方面，也沒忘記馬自達在眼前所面對的重大課題。

二〇〇五年，當藤原人在德國時，COP3（一九九七年十二月，在日本京都召開的「第三次締約國大會」所採用的京都議定書）正式生效，藉此機會，歐盟對汽車排放廢氣標準採取大動作，要求二〇一二年各車廠的二氧化碳排放量，必須以生產總量為計算基準，平均每公里必須低於一三〇克以下。藤原已經對如此嚴格的排放標準有強烈危機意識。因為連當時才剛問世的豐田油電混合車Prius，每公里二氧化碳排放量都還無法低於一〇〇克。就連已研發出油電混合車款的豐田，要達到全生產車平均二氧化碳排放量低於一三〇克的標準，都不是容易的事。更何況馬自達若要單靠引擎機達到此嚴格目標，更是難上加難。

無論對金井或是藤原來說，這十年來都是絞盡腦汁持續的研發。無論在福特集團領導或馬自達經營之下，比起願景，現實面的考量永遠都是優先順位。但福特企業原本的企業文化，長期重視以大眾化價格賣出最多的汽車數量。比起打造世界第一流車款，生產符合利益觀點的車款才是福特追求的目標。所以，對馬自達而言，只能尊重福特這種以獲利優先的公司文化，只要一天不跳脫這種思考模式，就無法研發出符合二〇一二年嚴格排氣規範的世界第一引擎，更別說開發出世界第一流的車款。那也沒有機會看到馬自達的光明未來。

藤原以這樣的理念與CFT6的成員共同討論，也逐漸形成共識。更進一步，重新檢視近十年來自己造車的理念，在福特集團的條件之下，開始重新尋找馬自達未來的生存道路。

從福特主導時代的馬自達車種得到啟發

從一九九六年以來，十年之間馬自達所推出的主力車種有三款，涵蓋了由C／D級距，C級距與B級距，從二〇〇二年五月開賣的二公升引擎四門車款Atenza，二〇〇二年八月，搭配低於一．五公升引擎的迷你五門車Demio，以及二〇〇三年十月發表、介於前述兩種車款的二公升引擎車款Axela。三車款幾乎涵蓋汽車全等級。雖然說這三款車種都是依據馬自達新品牌精神而研發，但各自研發，所以帶來的成果當然就不一樣。

以Atenza來說，這是馬自達在一九九六年併入福特集團旗下之前，就已經投入開發的高階車款，不同於其他兩車款，都是根據福特集團全球共用平台所設計，Atenza基本上都是採用馬自達原始設計。拜此所賜，即使開發中才推出馬自達品牌價值的全新定義，也讓Atenza開發方向更有彈性。不過，開發方向即使沒問題，負責主查的金井仍得面對頭痛的問題。那就是第二章所提到，目標價格與製造成本之間差距，根本就像日本海溝般的遙不可及。福特管理階層緊迫盯人，也不斷對金井施壓，要求消除兩者之間的差距。畢竟對於成本斤斤計較，本來就是福特汽車的特色。藤原回憶當時，在二〇〇〇年左右，同時開發的三種車款的主查之中，最常因為成本沒有控制好而挨罵的人，就是金井。即使在極度受限的成本下，金井當然也是盡了個人最大努力來實現馬自達的夢想。皇天不負苦心人，終於催生出能代表馬自達品牌精神的新產品，具有優越的懸吊系統與絕佳操控性在市場獲得好評，開賣當年，從六月到隔年三月才短短十個月，就創下銷售十六萬台的佳績。

Demio 不同於 Atenza 出自馬自達原創設計，而是依據福特指示，採用集團內部的 FIESTA 共用平台所設計。福特堅持的理由，是因為福特在小型車（compact car）領域中的成功經驗累績的思考模式。一九九六年秋季，福特發表車身全長未滿三．七公尺的低價車款 Ka 在歐美市場銷售一路長紅。經過分析 Ka 車款成功的重要因素後發現，就是因為採用 FIESTA 平台，驅動裝置也僅搭配一款引擎的簡單輕快設計。單一引擎只搭配單一手動變速的極簡設計，廣受消費者青睞而暢銷。福特順理成章地認為，如果馬自達車款也採用相同設計理念，一定也可達到同樣的效果。所以被指名負責此車款開發主查的藤原也陷入這場與福特的苦戰，再加上銷售失利，銷售目標不如預期，與國內營業本部間產生嫌隙的狀況，也在前文曾有說明。

Axela（Mazda3）與 Atenza 或 Demio 的開發過程，又是完全不同的經過。

Axela 與福斯汽車（Volkswagen）的 Golf 車款同屬C級距車款，由於這系列車款精巧車身的設計與價格優勢，使得C級距車款在全球銷售數量持續看漲，成為各大車廠競相投入的重要戰鬥車款。面對競爭者眾的市場，Axela 真正投入開發的時間是二〇〇〇年三月。不過，並非使用當時福特集團內所共用的平台來設計。福特針對這個等級的車款，為了因應福特集團內各公司兼顧不同品牌開發新型車款，且能夠更有效率快速導入而決定研發各社共用的平台。

因此以德國科隆（Köln）為據點，集結來自馬自達、歐洲福特以及富豪（Volvo）三間公司，各約五十位工程師組成C1技術團隊（C1 Technology Team）。希望研發出可供各公司共用且具備開發彈性的商品。依據這樣發想所開發出的汽車平台就宛如玩具的樂高積木（Lego）一般，零組件能有多種組合的彈性。也因禍得福，這三家公司也因此能從複製福特共用平台的嚴格規定中解脫。

馬自達也受惠於樂高積木的設計模式，雖然名為福特集團共用，但因為設計的自由度極大，更能反映出 Axela 獨特的車款性格。在科隆共同開發作業的期間，對馬自達來說不只是寶貴的經驗，也讓馬自達具體理解標準化具備的優點。

以投入研發資金來看，根據當時負責 Axela 主查的谷岡彰來說，馬自達分攤開發成本約六〇〇億日圓，但如果完全由馬自達獨立研發 Axela 車款，研發資金恐要超過一〇〇〇億日圓。

經過這樣的開發過程，Axela 成為暢銷車款。發售隔年，二〇〇四年度的年產量為三三萬七〇〇〇輛，超過馬自達年度產量一一二萬輛的三〇%。換句話說，馬自達生產車輛中每十台就有三台是 Axela，不但是馬自達全車系中的佼佼者，簡直就是馬自達的獲利王。

順帶一提，從樂高積木模式的共用平台為開發基礎，歐洲福特也催生出福特 Focus 和 C-Max，富豪汽車則是推出 S40 和 V40 等車款。

垂直整合才是馬自達產品研發的王道

藤原帶領的ＣＦＴ６組員，回顧自一九九八年起到二〇〇二年間，這三款主力車種的開發過程，試圖從中找出馬自達未來發展方向的啟示。

Atenza（Mazda6）為什麼會成功？

Atenza 是以馬自達原始設計為開發基礎，也融入並非屬於馬自達體系的福特研發幹部提案，雙方不同意見的激辯下所產生全新定義的馬自達品牌，希望推出的作品能充分展現「馬自達的個性等於良好的懸吊與操控性」。終於開發出融合馬自達長久對汽車開發的堅持講究，不僅符合福特提升操控性的構想，以及嚴格控管開發成本條件下產生的綜效，可以說是 Atenza 成功的重要因素。

那麼，Axela 情況又是如何呢？

在C級距產品車共同開發現場最受眾人注目的，應屬富豪車廠展現出的態度。福特集團內對富豪汽車所下的品牌定義就是「豐富的感受、絕對的堅持、安全至上的理念」。依據該品牌定義，富豪汽車的開發團隊堅持安全至上與北歐設計風格，始終貫徹獨特自我主張，充滿設計感的 S40（四門轎車）與 V40（五門休旅車）推出後，果然獲得市場高度評價。即使共用基本設計，不論車款印象或個性都帶給消費者與 Axela 截然不同的感受。包括馬自達在內，福特集團旗下品牌多達八種，如何能從眾多品牌中脫穎而出散發自我獨特風格，富豪汽車設計的手法對馬自達工程師們來說，具有相當高的參考價值。

因此，希望透過傳達「快樂駕馭」訊息的馬自達，以及主張 Zoom-Zoom 宣言，希望能淡化外界對馬自達隸屬於福特集團的印象。不過，正因馬自達對汽車性能思考模式與福特大同小異，反而更難表現出馬自達的自我特色。就以 Atenza 開發過程為例，福特派駐廣島的優秀主管也全程參與產品開發計畫，無法凸顯馬自達特色也是理所當然。拜此所賜，從 Atenza 開始馬自達各車款性能表現也更上層樓。即使福特管理階層回到美國時，研發方向依舊與派駐廣島時期相同，兩者之間產品感覺雷同也是不無道理。正因如此，如果馬自達不想辦法凸顯自己特色，恐怕就會在福特集團中被淹沒了。

在共同開發 Axela 期間，富豪汽車工程師的態度對馬自達團隊而言，是最寶貴的啟發。從福特重視成本的思考模式，與富豪汽車展現自我特性為主的思考模式，馬自達從兩種模式的狹縫中也體悟到，發掘屬於馬自達獨家特色的重要性。光是追求研發各車款的功能與特性還不夠，必須從馬自達整體觀點，清楚明白各車款「訴求的主張是什麼？追求的目標又是什麼？」才能慢慢找出馬自達新車款的研發任務與課題。

在 Demio 的開發過程中，也發現了重要的任務。重視全球標準化的福特集團所推動產品零組件統一標準，對馬自達而言，到底是加分？或對馬自達具有何種積極的意義？透過深入的探討與檢視，找出對馬自達最佳的平衡點。

如前所述，擔任 Demio 主查的藤原依照福特集團指示，採用共用平台來設計，當時汽車業界為達規模經濟以追求最大獲利，都盡可能將公司內或集團內部零組件標準統一，這不但已經成為常態，也已成為趨勢潮流。福特集團內部積極推動零組件共用策略的對象，不只是主要機能零件的引擎、變速箱等，積極的程度甚至連車門等成形品（molding）也都納入共用品項。

若從這個觀點來看，的確，福特、富豪和馬自達三社，透過共同研發策略所設計出的汽車共用平台，確實能大幅降低成本，達到規模經濟的效果，擔任 Axela 主查的谷岡也對此點相當認同。但如果以 Demio 的例子來看，就能理解零組件共用不一定都是加分效果。

首先，以藤原的立場來看，開發 Demio 過程中與福特之間的激戰，完全無法想像福特推動的標準化有任何好處。如果以福特管理旗下龐大集團的觀點來看，零組件標準化非常合理，但對於身為福特集團成員之一、生產規模並不大的馬自達而言，零組件共用或許並不完全划算。

馬自達團隊內也出現這樣的意見。

即使同樣是追求零組件標準化，Axela 跟 Demio 兩車款的開發條件與環境也完全不同，所以產品的結果也不同。

就算採用共用平台，也要因應車款設計與各區域需求規格不同，搭配的引擎與變速箱等重要零件勢必要跟著改變。如果將某地區專用的引擎照單全收，搭載於全球共通平台，反而會導致效率變差。Demio 可以說就是最佳的失敗案例。馬自達獨自針對日本國內市場，研發出國內專用輕巧小型一・五公升引擎。以這個引擎為例，由於 Demio 與 Axela 所設定的產品特色與設定目標截然不同，基本上雖說是同款引擎，但在構造上卻完全無法共用。

不受「橫向標準化的底特律風格」所影響

馬自達對福特推廣的零組件共用模式也有相當貢獻。最好的例子就是馬自達所研發的MZR引擎，由福特集團全球各品牌共用。雖然年產量高達一五〇萬台，在美國、歐洲、中國大陸和日本，使用的零件不同而無法百分百共用。從個別零件來看，各地區統計也才區區二〇萬到三〇萬台，嚴格來說，光看這個數字其實就失去零組件標準化的意義。以二〇到三〇萬台的數量等級，充其量只要達到區域經濟效益即可。話雖如此，但以Axela平台的開發為例，開發效率極高這一點，確實是不可否認的事實。

一開始，福特企業所追求的是集團內子公司在所屬區域的橫向標準化（水平整合）。將類似產品在全球各地以最高效率生產並大量販賣，正是福特的思考模式。

福特思考模式雖然合理。但是除了開發與零組件管理成本之外，如果把運送成本列入計算，這個理論就不一定行得通。如果單純只是在同一個大陸的內陸運輸或許適用，如果是像美國與歐洲國家之間或是日本與美國之間等需要跨海運輸的情形，恐怕就另當別論了。

舉例來說，像體積小、重量輕，或是煞車控制系統等具高附加價值的主要零件，成品運送並不會造成成本問題。但是，像車門這種雖具有共通性，卻又大又重的零件，長途運輸勢必導致成本大增，加上成品狀態在運送途中還得格外小心。如此一來，反而失去零組件共用模式的優點，還不如在各區域多開模具生產應該還更划算。

從福特集團整體規模經濟的觀點看來，Atenza 所隸屬的 C／D 級距、Axela 的 C 級距，以及 Demio 的 B 級距的橫向全球標準化這點，應該可以算相當成功的。對福特而言，馬自達所開發出的 MZR 引擎更是典型的例子。但是，如果只考慮日本市場，對馬自達工廠來說，幾乎完全沒有受惠於標準化。包括 Atenza、Axela 以及 Demio 等三個車款，都是根據福特標準化方針所設計，生產製造流程也針對不同車款所設計。縱使三種車款都是馬自達主力車款，卻沒有垂直整合的共通性。

同為馬自達出廠的車款，彼此之間竟無零件可以共用，這對馬自達來說，根本無法達到有效的規模經濟。由於必須針對各車款生產各自不同的零件，接單品項繁雜，也讓馬自達上游供應商虧損連連，還曾經因此對馬自達抱怨：「怎麼會這樣設計呢？」即使同樣的零件，不同車款都有些微差異而無法共用，無法提升生產效率。

福特所追求橫向標準化，對馬自達來說，並非絕對有利。老實說，橫向標準化應該不適合馬自達。反而是如何實現主力三車款之間的垂直整合，才是馬自達的目標。如果能夠完成垂直整合，就能不受限車身尺寸和引擎排氣量，也可改善零件和生產流程效率。

CFT6的成員能達到這樣的共識，某方面來說，也是水到渠成的結果。實際上馬自達以往的生產模式，就是以垂直整合概念為基礎。換句話說，車體形狀與引擎排氣量不同的車款，也能在同一條生產線上生產，這是一九九六年福特入主馬自達經營權之前，在馬自達工廠實際生產的方式。包括當時的主力車種，Luce（馬自達的高級車款）、坎培拉（Capella／626，後來停產改為Atenza〔Mazda6〕）、法米利亞（Familia／323，後來改版為Axela〔Mazda3〕），都是當時同一條生產線上所製作的車款。

眾所皆知，汽車產業中單一車種由專門生產線來大量生產，可以說是效率最高的生產模式。一九七〇年到一九八〇年期間，日本經濟高度成長，日本車廠紛紛投入類似的生產模式發展至今。以豐田汽車為例，就為旗下的皇冠（Crown）、可樂娜（Corona）、冠樂娜（Corolla）等車款設置專用工廠與生產線。由於生產設備投資需要龐大資金，生產量至少必須達到二〇或三〇萬台才符合成本。這還不是單指一年的產量，必須連續數年維持如此銷量力道才有條件建置專用產線。反觀馬自達，並沒有如豐田汽車旗下大量暢銷的車款，當然不可能如此大手筆投資生產線。所以，也只能湊合利用同時生產複數車種設備的混流生產方式。

因此，馬自達研究如何讓不同大小的車體能在同一生產線上製造，利用生產線上協助車體定位的夾具位置統一，讓每一種車款都可以共用生產線。如此一來，無論車體大小如何變化，加工時定位夾具位置都不用改變。只要加工與組裝時的基準定位都一致後，剩下就是針對各車款設定不同的電腦程式就能組裝各式車款。簡單來說，計算生產品項變化，只要生產流程作業的定位基準點不變，就沒有問題。

如此一來，才能要求產品設計者依據製造流程標準要點來製作設計圖，也就是設計與製造雙方都能合作無間。馬自達也因而才能再次恢復以往的混流生產作業來降低成本。

不過，從一九九六年起，製造現場的狀況慢慢開始出現變化。

引用藤原所述，Demio 的生產時，福特硬把自家的生產模式套用到馬自達廣島工廠。後續接棒的車款 Axela，因為是由歐洲福特與富豪汽車共同生產，不同於 Demio 的生產流程，必須重新打造生產線。為了這兩款汽車生產並滿足福特的生產條件，馬自達被迫必須大幅變動自家舊有的生產線。這也意味馬自達必須放棄一直引以為傲的混流生產技術與設備。

這樣的變化，勢必引起生產部門極大的反彈。

為馬自達量身訂做的研發

經過上述過程，CFT6 也針對如何訂立馬自達研發部門方針，整理出仍待解決的難題。

研發部工程師希望能打造世界一流車款。實現夢想的重點，就是操控馬自達命脈的動力性能的引擎。要做世界一流的車，當然就要具備世界第一的心臟（引擎）。不過，近十年由於馬自達隸屬於福特集團旗下，造成馬自達獨立開發引擎一事一直受到許多牽制。若想要製造出世界一流的引擎，就必須排除種種限制，確保開發環境的自由。不只是引擎，就連汽車的平台和車體也是一樣的道理。

要做出世界一流的車款，不能只靠汽車研發，包括生產技術與設備，都一定要跳脫近十年的生產模式。以Demio的經驗來看，由於受限於遵照福特集團理論，被迫採取全球共通生產模式，經常為了作業能符合集團共用零件而焦頭爛額，根本沒有餘裕去完成馬自達想追求的產品特色。加上福特集團認為，「只要生產出可以穩居銷售前幾名的產品，就算合格」的苟且心態下，根本就不可能成為日本第一，更別想成為世界第一。

正因如此，為了要做出世界一流的汽車，研發與生產部門必須積極合作，並對各自的工作有所創新與改革才行。幸好，這十年中也在福特集團中，累積不少追求這種生存方式的知識與訣竅。

十年前，在福特主導的經營環境下，馬自達研發重點放在馬自達的全新品牌定義，只要完整展現馬自達性格的車款即可。對於汽車動力性能、操控穩定度以及設計等追求卓越的工作，縱使心知肚明，恐怕也沒有餘裕。

二〇一〇年起，消費者除了重視動力性能之外，也愈來愈注重汽車的環保效率，這是因為單純具備優異汽車性能逐漸不為市場所接受。而左右環保特性最大的要素，就是使用替代能源的驅動裝置。由於馬自達在研發油電混合車與電動車等環保車款，大幅落後其他車廠，別無選擇之下，將全力投注最擅長的汽油及柴油內燃機。馬自達只能用嘗試各種辦法，讓內燃機燃油效率與油電混合車或電動車一別高下。換句話說，燃油效率必須成為世界第一才行。

藤原所帶領的ＣＦＴ６總結出馬自達研發課題與提議，大致可歸納為二大方向：

訴說夢想

打造世界一流車款，就必須做出世界第一的引擎。這個引擎不只是動力性能，環保效率也必須達到世界第一才行。當兩者同時實現的那一刻，就能成為世界第一。

精打細算

以馬自達風格打造世界第一的車款。為了達到這個目標，就必須跳脫福特集團理論對馬自達設下的種種限制，選擇能夠為馬自達未來帶來光明的道路。以大格局的觀點來看，這樣對福特集團來說，也是好事一樁。

大成功！七十二小時旋風式說服之旅

正當CFT6在討論夢想與現實交戰，另一如何實現這兩個目標技術的討論，也未曾停止。

金井一邊看著CFT6的討論與檢討改善狀況，如何讓團隊毫無後顧之憂的開發環境，也感到自己的責任與日俱增。

如前所述，金井要求這些開發工程師：「忘記過去所有的限制，只要想如何打造世界第一的汽車吧！」創造出世界第一的汽車與世界第一的引擎，就必須跳脫福特集團理論的窠臼，反過來說，從開發工程師的立場來看，只要一天不擺脫福特集團的牽制，金井的要求就毫無意義了。

此時，位於底特律的福特總部也正積極投入開發次世代的驅動裝置。研發方向包括當時歐洲盛極一時，成為汽車業研發風潮的引擎小型化，另一個技術就是豐田汽車（TOYOTA Motors）領先業界，在一九九七年推出名為Prius的油電混合車。

一般認為引擎小型化除可以提升油耗表現，同時也是幫助廢氣符合排放標準的有效解決方案。以搭配二公升引擎的C級距產品來說，如果引擎排氣量降到一．四公升左右即可節省燃料。不過因為引擎變小踩踏油門加速時，力量不足造成汽車加速沒力。就算以安全的角度來看，也稱不上是一台「完整」的汽車，一般會加裝渦輪增壓器（增壓器是一種用於往復式引擎，或稱為活塞式引擎）輔助，當汽車需要增強馬力驅動與瞬間爆發力時，利用渦輪增壓強制送入比引擎排氣量更多的燃料與氣體，來產生所需要的動力。如此一來，因採用排氣量小而減少燃料消耗，同時也降低排出廢氣中的有毒物質量。利用渦輪增壓提升引擎效能，即使有限的排氣量也可以達到大排氣量相同的高馬力表現。其中最成功的例子，就是全球知名的德國名車。

而油電混合車也是利用縮小引擎來降低燃油消耗的驅動方式。與前者理論類似，只是兩者對於引擎縮小導致驅動力降低，所採取的補強對策不同。前者在需要大馬力驅動時，供給引擎更多的燃油與空氣，也因此產生排氣量增加而不利於清淨排氣的缺點。油電混合車則是利用電氣馬達取代渦輪增壓器，加強汽車的馬力。隨著引擎馬力與電氣馬達輸出大小，以輸出較大者當成汽車主要動力來源。因為動力供給來源自兩個驅動裝置，比單純引擎小型化更複雜，還得加裝電池電氣馬達的電源，除了增加不少成本，也不可避免增加汽車重量。

當時，福特汽車也積極研究小型化引擎。也曾評估油電混合技術。同樣地，也要求馬自達推動引擎小型化，期望能研發出集團共用的引擎。

因此，從ＣＦＴ６團隊到開發工程師，下定決心要以馬自達最自豪的內燃機引擎一決勝負，也訂出下列引擎研發的目標。

馬自達最後決定，投入研發不需要加裝渦輪增壓器、甚至任何輔助裝置的引擎產品。透過改善引擎效能來提升油耗性能，並改善排氣以符合廢氣排放標準。如果能成功開發，勢必能降低成本，也就不用投入研究油電混合技術。

這樣的研發方向，與福特集團的研發方針簡直就如像油水分離般完全不合。只要福特集團不同意馬自達的研發方向，馬自達就不可能自由研發。如何才能讓福特點頭答應，成為帶領馬自達研發團隊的金井所肩負的使命。唯有得到福特的背書，馬自達研發工程師才能朝打造世界第一的引擎邁進。萬一金井無法說服福特讓馬自達獨立研發，那麼，這個世界第一的夢想恐怕無疾而終。

完成規畫馬自達二〇一五年引擎研發，車體研發與製造技術研發的目標後，二〇〇六年底，金井決定為了說服福特，規畫一趟密集拜訪之旅。十二月某日從廣島出發，隔日抵達底特律與福特的主要決策者碰面，會議結束後馬不停蹄就飛往倫敦，與歐洲當地決策者會談後即刻返回日本，這段期間只利用搭機時補眠，途中僅在飯店短暫停留時簡單梳洗一下。

金井對福特展現出馬自達絕不退讓的自信與決心，他並非要福特認同馬自達的研發方針，而是適當的解釋後，詢問福特是否願意加入馬自達來共同研發技術。當時，金井是否真有百分之百的自信呢？恐怕只有金井本人才知道答案吧？福特決策者當然否決這個提案，甚至對馬自達所提出的技術目標充滿懷疑。「怎麼可能做得到那樣的產品？」根據金井表示，他們甚至還脫口說出「真是瘋狂」。

在底特律與倫敦個別經歷兩個小時討論的結果，一如所料，並沒有得到福特善意的回應。不論底特律或是倫敦，都對金井的提案嗤之以鼻，給人的感覺就是「馬自達既沒資金也沒實力，如果你們堅持要做，那就隨你們。」這種反對並非雙方意見不合，如果以爬山來比喻的話，就好像兩個人同樣都是以登頂為目標，但是，雙方選擇不同的路線而已。

金井回想到這次馬不停蹄的緊湊行程時表示：

「其實，我早就知道不會得到正面答案，那次出差所得到最大的收穫，就是福特沒有對我說『不』。也因為這樣，馬自達才算取得福特的背書，可以開始投入獨立研發。」

所以，這次的出差可以說是大成功，在馬自達發行股份持股比例高達三分之一的福特集團旗下，正式開啟的獨立研發的大門，這應該是一九九七年福特出任社長的時代，完全不可能的情況。無怪乎金井會說完全是以「無比輕鬆的心情回到廣島」。話雖如此，金井內心也相當清楚。福特對馬自達的研發不會過問的另一層嚴肅涵義，那就是萬一馬自達獨立研發失敗，福特也不會出手援助。

無論如何，馬自達可以獨立研發，無須擔心福特的想法，不必像以往般處處受限，已經是既定的事實了。既然這道大門已經開啟，CFT6所討論夢想也就愈來愈有落實的可能了。

以技術研發的長期願景訴說夢想

在金井的說服之旅數個月後，馬自達因推展中期計畫「馬自達動能計畫」（Mazda Momentum Plan），業績持續成長，在二〇〇七年三月二十二日，乘勝追擊發表積極的中期經營計畫「馬自達提升計畫」（Mazda Advancement Plan）。支持該計畫最大的動力，就是獲得福特首肯後，馬自達可以獨立研發技術的成就。

訂下四年目標，希望至二〇一〇年度為止，每年銷售一六〇萬台以上、營業利益超過二〇〇〇億日圓。以當時二〇〇六年度預估營業額已達三兆二〇〇〇億日圓、營業利益超過一五〇〇億日圓，雙雙創下歷史新高，銷售量也達一三〇萬台，由此合理推斷，應該能輕鬆地在二〇一〇年之前，就能達到上述的目標數字。

同時，也發表馬自達技術研發長期願景「永續 Zoom-Zoom 宣言」，向大眾宣告這個目標實現的可行性。

馬自達透過這個技術研發長期願景，描繪馬自達的夢想。

也就是說，追求積極改善強化引擎，以來大幅提升馬自達車款的環保效率，而且不以犧牲馬自達自傲的懸吊系統優勢與絕佳操控的動力性能為目標。汽車業的社會責任，就是找出能夠解決汽車所造成的社會問題，進而提升環保與技術領域。馬自達主張身為企業應當肩負起對社會貢獻的任務，代表馬自達品牌訊息的Zoom-Zoom，已經不符合時代潮流，進一步發展Zoom-Zoom 技術的同時，也應該融入馬自達的企業社會責任，如此一來，馬自達才能成為品牌與社會價值觀結合的企業。

馬自達採用階段式的開發策略，先從推動內燃機引擎的環保特性開始，再導入內燃機引擎以外的做法（如油電混合等的技術）。一般來說，各大車廠在設計產品時，為了提升環保效率和燃油效率無不絞盡腦汁，經常因此犧牲汽車的動力性能。馬自達發表宣言，表示在二〇一〇年推出不需加裝任何輔助設備的改良版內燃機引擎，打造出優異環保性能與油耗效能兼具的車款，以實現馬自達的品牌定義。

而全新的中長期計畫馬自達提升計畫，也明確表示，不會忘記冷靜地精算成本的決心。

這個計畫的核心就是全公司的組織再造。其中最重要的任務，就是「生產製造革新」與「成本革新」，貫徹馬自達獨家創意以打造出馬自達風格的車款。如果當初金井沒能取得福特集團的同意，也就不可能開啟這條道路。包含從產品企畫階段、研發、到生產製造為止，都是為了將實現馬自達造車的理想，追求馬自達產品附加價值最大化，馬自達才能創造獲利。

所有的夢想都需要經過精打細算。同時間發表的「馬自達提升計畫」與「永續Zoom-Zoom宣言」，其實就是依據相同的理念所推出一體兩面的計畫。

但是，馬自達新中期經營計畫成功與否，關鍵在於馬自達的獨家技術革新的研發能否開花結果。時任社長的井卷久一也在該年度的年會上表達認同，他說：

「近四年相比，研發費用將增加百分之三十，生產設備投資也將會增加百分之五十。」

（按：「近四年相比」指的是以二〇〇七至二〇一〇年度的四年合計總額，與二〇〇三至二〇〇六年度的四年合計總額相較）

在井卷的印象裡，研發費用由四年合計共三八〇〇億日圓增加至五〇〇〇億日圓，生產設備投資則是從二六〇〇億日圓拉高到四〇〇〇億日圓。

萬一失敗，福特就不會像往常一樣提供馬自達協助，應該是絕對不可能的吧。所以對金井、藤原與ＣＦＴ６成員的期待愈大，他們所肩負的責任也就愈重了。

隸屬於福特集團旗下的馬自達選擇開創自己的線路，只要一日不成功，馬自達不只是在福特集團內，就連在汽車業，甚至全球的汽車市場就無法成為有存在感的品牌。所以馬自達只許成功，沒有退路。

馬自達的提升計畫與永續 Zoom-Zoom 宣言中，也傳達出這樣的訊息。

不只是金井沒有退路，藤原亦然。

以這兩位為首所帶領的馬自達研發團隊，到底能如何創新技術，追求組織再造以開啟改革的路線呢？

原本性格爽朗的藤原，回想那段日子時，說出了這樣的話：

「持續了好長一段時間，完全沒有任何進展，當時在公司走廊或辦公室時，走路經常都是垂頭喪氣呢。」

因為馬自達所研發的夢幻技術獲得進展，加上永不放棄的堅持，藤原終於在二〇一〇年春天，再次抬頭挺胸地邁開大步。

第四章

目標就是擊中保齡球的第一號瓶

「到底在想什麼？簡直就是笨蛋！」

負責研發的常務執行董事金井誠太，不自覺地開始敲著桌子，開始回想要求開發工程師追求世界第一夢想的艱辛過程。

CFT6團隊自二〇〇五年七月起，由商品企畫事業戰略本部長藤原清志帶領，這才真正開始正式運作。目的就是希望集結眾人智慧與創意發想，共同實現金井所提打造世界一流汽車的夢想。

「大家聽好，這兩年時間隨你們發揮創意，即使失敗也無所謂。」

金井希望解除對工程師所有綁手綁腳的束縛，任由他們自由發揮創意並具有自信；這部分在第二章也曾介紹過。

包括引擎的驅動裝置、底盤、車體，甚至懸吊系統等組成汽車的主要零件，都要求再優化，以完成世界第一車款的目標。也就是說，工程師必須拋棄長期養成的舊有觀念及工作模式等，透過自由創意來研發新技術，才能讓馬自達汽車脫胎換骨。加上金井要求大家把眼光拉長到十年後思考，也提供馬自達工程師們以往根本不可能擁有的充裕時間。

話雖如此，這絕不是今天說好，明天就可以產生獨具的創意，或完美概念那麼容易。各種天馬行空的意見中，金井每每看到工程師們所交出的圖面或繪稿時，經常不假思索就說出開頭的那句話。

跳脫福特汽車的限制以發揮創意

藤原回想當時：

「我們研發的構思與想法都已經受福特行事風格影響太深。為了要拆除比想像中還高的牆，讓自我思考回歸到宛如白紙般的原點，所需要的時間也超乎預期。」

福特集團的汽車生產方針，以「只要能擠進前幾大車廠排行，就算及格了」（與市場領導品牌相當的程度即可，不需要爭第一）為原則，這樣的甘於平庸的心態也在不知不覺中，深植於當時馬自達的企業文化。所以，當務之急就是如何改變這種以老二老三自居就滿足的苟且思維，提升自我層次並以追求世界第一為目標。

如果完全避免跟以往一樣（和其他車廠比較之後，再決定新車性能目標的建議與提案），大家的建議依然了無新意。不僅如此，這種氛圍反而造成改變思維的障礙，更不可能提振工程師們的士氣。因此，藤原對任何提案都用心評估是否符合世界第一的概念。像是當某人提出可以大幅減少某零件摩擦設計提案時，即使改善數值非常低微，藤原也絕不質疑，或追問和其他廠牌相較之下有多少改善比例，反而以鼓勵口吻說：「這樣可以達到世界最低數值嗎？太厲害了，交給你了。」處處用心、時時鼓勵，就是希望能提高他們的士氣。

打造世界第一汽車的討論也慢慢開始有進展。在這個過程中，打造世界第一汽車最重要的關鍵就是驅動裝置，而引擎又是當中最重要的核心，自然而然引擎就成為研發團隊的主要開發目標。在福特主導近十年間，馬自達以最擅長的懸吊系統與操控性能為基礎，所打造實現 Zoom-Zoom 品牌精神車款的同時，雖然為福特集團研發出集團共用引擎ＭＺＲ，卻未必能代表馬自達 Zoom-Zoom 品牌精神，MZR 引擎縱使具備 Zoom-Zoom 精神，為了達到福特集團要求的規格，做了許多退讓，無法完全做到馬自達專屬的基本設計；對馬自達研發工程師來說，MZR 無法做到盡善盡美也是不得已的。

再加上社會大眾對汽車環保特性的認知已有大幅改變，對引擎效能的要求也相對提升許多。也要求工程師大幅提升汽車性能。

馬自達本來設定 Zoom-Zoom 引擎的目標，就是希望能提供使用者駕馭樂趣的引擎性能，同時能兼顧社會期待的環保效能的產品。馬自達不以此為滿足，還立志要設計世界評價第一的引擎，若能成功研發當然就能朝打造世界第一車款的方向前進。

打破所有限制，以自由輕鬆與天馬行空的創意來開發世界第一的引擎。因為有這樣的共識，大家決定暱稱這款引擎為「輕鬆引擎」，搭配與這款輕鬆引擎的驅動裝置，就稱為「輕鬆動力傳動系統」。這樣的稱呼似乎也對研發團隊發生作用，肯定也讓每個人在輕鬆悠哉的環境下，思考如何開發出最棒的產品吧。

對馬自達而言，理想中的輕鬆引擎到底該是具備什麼功能呢？

他們決定以改良引擎的環保效率來與油電混合車一決勝負。那麼，究竟要如何改良引擎呢？單靠改良恐怕不夠，甚至要進行一場引擎創新的革命才行。以油耗性能為例，二〇〇三年豐田所推出的油電混合車代表作Prius，以當時日本國土交通省審查標準（10-15 Mode）每公升燃油可跑三五．五公里水準。從排氣淨化性能來看，Prius行駛每公里的二氧化碳排出量約六六公克。所以馬自達決定設定此數據為最低標準，即使好幾年才能成功達成此目標，而這段期間豐田車廠肯定也會不斷精進。所以至少必須以此當成最低要求標準。

搭配一．五公升引擎，在二〇〇五年初小改版的Demio，油耗表現與二氧化碳排氣量分別為十七公里與一三九公克（手動變速箱規格），雙方的差距實在不小。

為了研發出具有強力競爭優勢同時符合社會期待的汽油引擎，福斯汽車（Volkswagen）成功研發降低排氣量搭配渦輪增壓器的車款，在歐洲市場占得重要地位。ＣＦＴ６開始討論時，藤原也認為馬自達的開發方向若以引擎小型化（按：詳見第三章的〈大成功！七十二小時旋風式說服之旅〉內文）為目標，不也是很好的研發方向嗎？況且這樣的產品或許也足以與油電混合車抗衡。只是這樣一來就失去獨創性，即使產品研發成功，還不確定能否凸顯馬自達的獨創特色。說要創造自己的夢想，實際上卻脫離不了沿襲他廠技術，選擇引擎小型化的腳步，光說不練恐怕沒辦法贏得世界第一引擎的好評吧？

難道說，馬自達真的沒有一位工程師，可以提出讓全世界讚嘆的創新想法嗎？

受人冷落的引擎開發者

一九七九年進入馬自達工作的人見光夫，一直專注於引擎研發的領域，二〇〇一年五月，擔任動力驅動先行開發部長，手下約管理三十名工程師。碩壯的體格乍看之下讓人感覺似乎不大友善，但說話的態度卻一副很怕生的感覺。

先行開發部主要任務有二，首先當新車企畫成案並確定導入市場銷售後，協助新車驅動裝置的研發作業，針對商品開發團隊提出無法解決的難題，分析後提出具體解決方案。另一項任務則非具體的產品研發，而是研討前瞻新技術發展的可行性。簡單說來，這個部門的工作簡直就像便利商店一樣，再加上無緣參與可立即商品化的技術研發，手上負責的全部都是還不確定能否商品化的前瞻創新技術。而且在福特主政期間，只要現場需要研發工程師時，團隊成員必須隨傳隨到、前往支援。關於自己部門的狀況，人見用微弱的口氣這樣回顧：

「老實說，一直都待在冷宮啊。」

動力先行開發部最擅長解析問題，每當接到其他部門提出協助解析的委託時，都會先判斷是否有解決方案，確定有十分把握的才接受委託，這樣的日子，一直持續到二〇〇三年四月才結束。擔任部長的人見行事風格就是如此，他所帶領的部屬士氣如何，大概也可想而知。

當然，這些人也了解自己長期活在他人陰影下，直到二〇〇三年四月，才出現轉機。固定每年此時舉辦的年度社員意識調查後發現，同部門成員的積極度與參與意願嚴重低落，遠遠低於人見原本的預估，讓人見受到極大的衝擊。因為長期不受其他單位重視的疏離感，已經籠罩整個部門。雖然號稱創意研發的先行開發部門，實際的工作都是協助苦於商品研發的其他部門相關日常瑣事。在這樣情況下，怎能激發大家心懷熱情投入工作呢？當然是不可能的。

因此，人見決心要進行一場意識改革，以改變團隊成員。他說：

「這還真是我打從進公司以來，第一次認真思考技術以外的事物。」

為了要消除長期束縛自己以及所有成員的疏離感，首先就得從改變對工作的被動態度。長期以來，消極等待其他部門委託工作的被動心態，有部門提出協助委託時，才分析檢討而提出解決方案，必須消除這種態度。接著，就是設定部門自己的研發目標，藉由參與接受委託的研發活動，進而朝自己研發目標邁進。即使工作內容不變，由於改為本身積極主動投入的態度，大家都發現這個部門有了一百八十度大轉變。所以，人見才能慢慢將三十名部門成員的開發想法聚焦，朝同一個方向前進。

一旦思維起了變化，他們開始熱衷於提升分析與計算能力，也提升了分析與計算的精確度。甚至為了提高精確度，眾人積極的設定各種檢驗主題，主題內容包羅萬象，並不限於是否由商品研發所委託的諮詢與解決對策。自從人見開始進行思為創新的二〇〇三年春天起，這段過程中也產出了各式各樣的開發主題，宛若自製節目一般。這些自製節目的其中一項，就是高壓縮比汽油引擎。

汽油引擎相當於汽車的心臟，是在汽缸的圓柱空心體，送入空氣與汽油混合的混合器，再利用圓柱狀的活塞（如果比喻成針筒，就相當於針筒的推進器）壓縮混合氣體後進行點火爆炸，利用爆炸力量將活塞往下推動，成為汽車前進的動力。吸入混合氣時汽缸內最大容積，與汽缸壓縮點火時汽缸內最小容積的比例，就稱為壓縮比。理論上，壓縮比愈大，則愈能產出更多動能，引擎效能表現愈好。汽油引擎發明至今已超過百年，壓縮比也隨著引擎性能改善而逐漸提升，一般市面上的實用型乘用車引擎壓縮比普遍落在十左右，索價一、兩千萬日圓的高級車款搭配多為壓縮比十二的引擎。這應該是目前全球的常態。

馬自達打算投入研發超高壓縮比引擎，藉由壓縮比提升到十四或十五，讓引擎效率大大提升。以馬自達本身並無高價車款，卻打算把壓縮比從十拉高到十四、十五，這個目標根本難如登天，即便拿來與壓縮比十二的高階車款相較，簡直就是痴人說夢。

會讓馬自達下定決心投入開發高達十四、十五的超高壓縮比引擎的背景，就是因為當時市占率日漸上升的油電混合車款，或是搭載渦輪增壓器的小型化引擎產品，都還有以下的這些疑點。

油電混合方式需搭配電力馬達與電池，造成車體重量增加，即使不考慮這一點，最大弱點就是售價過高。與單純汽油引擎的同級車相比，從平均行駛時間與車行距離來看，省下的油資絕對不足以彌補購車的差價。其次，廢電池的處理與回收問題也未必能解決。（這一點將造成相當大的環保問題）。這還不是指回收再利用的廢棄成本，光是廢棄處理所需的非生產廢棄成本問題，目前也都還無解。

而搭配渦輪增壓器小型化引擎的缺點，引擎因加裝渦輪增壓器輔助裝置而變得更重，也導致成本上升，汽車售價也得提高。而排氣量縮小所達到的省油效果，與引擎性能相較，其實不見得划算。

一九九三年，馬自達推出當時的高階車款 Enous 800（Millenia），人見因為負責開發該車款搭配的渦輪增壓引擎，也已領教過後者的缺點。這種引擎構造基本上大同小異，但是，當時社會大眾對環保還沒那麼重視，加裝渦輪增壓器是為了提升引擎性能，並非節省油耗。因此，當時所開發的引擎構造設計，是為了讓二・二公升的引擎展現出相當於三公升馬力與驅動力。與現今內建渦輪增壓引擎是相同的開發理念。有了這個經驗，人見認為，與其藉由小排氣量加裝渦輪增壓輔助裝置來補強動力，還不如改善引擎本身結構產出更大的馬力，才是根本解決之道。當時，技術分析與觀察燃燒模擬器等相關周邊技術與環境都還尚未成熟，所以，在這些發想成熟之前也無法有任何進展。

其後十年，受惠於周邊技術及開發環境水準大幅提升，人見積極嚐試各種可能提升引擎性能的革新技術。幸好，這些研發完全沒有設定開發時程，也不用背上產品開發時程的責任。人見耳聞成立 CFT 專案，也聽聞許多與研發相關各式各樣激烈的辯論。團隊成員偶爾會接到

ＣＦＴ６團隊個人的諮詢，但是，該部門從未以正式部門名義，與先行開發部進行討論，也難怪人見表現出冷淡的態度。

「要這些從來都不動腦思考的人，馬上就能提出驚天動地的創意發想，應該是不可能的吧？這些傢伙到底在想些什麼？」

因此，在馬自達內部完全沒人注意的環境下，人見與研發團隊逐步研發超壓縮比引擎技術。引用人見說過的話：「公司裡沒人知道，就連本部長（部門最高主管）都沒有興趣。」曾經歷過那一段孤獨不為人知的研發過程。

研發核心就在於提升高壓縮比和熱效率

另一方面，對於相當於汽車心臟的引擎，該如何設定研發目標呢？ＣＦＴ６在不斷的討論與腦力激盪中，慢慢聚焦開發的方向。

理論上，如果單靠引擎本身就能同時滿足燃油效率和環保效率就及格了。但是，當時汽車產業的現狀，仍然沒有可以一次到位的技術，必須搭配其他技術，也因此產生各種不同的開發模式。前者認為減少排氣量才能有效提升引擎效率。支持後者的則認為透過加裝排氣輔助淨化的設備與裝置，以達到理想值。但如果單靠引擎本身不依賴其他手法，就可以同時解決燃油及環保效率兩項要求，絕對是最佳解決方案。

從理想的角度來說，應該沒有人會認為現在的引擎已達完美產品，接下來，從廣為人知的引擎效率說明。

引擎效率是指送入引擎的燃油本身，所具備的化學能量能夠轉換成推動汽車前進動能的「程度」，也就是熱效率。即使汽車產業發展至今超過一世紀的研發，現代引擎熱效率一般也只有三〇％上下，這是眾所皆知的事實，換句話說，引擎內部所燃燒的油料約有七〇％是用在推動汽車前進以外的用途，像是為了減少引擎構造內重要零組件因動作所產生的摩擦，或是維持引擎本體適當的動作溫度利用冷卻水散熱，或是要減少混合氣體進氣與排氣時的阻力等等。結果為了讓汽車能夠前進，每公升所使用的汽油，就有七成白白地浪費。

假如引擎熱效率從三〇%提升到四〇%，理論上燃油消耗性能就是一口氣改善三三%。那麼實際作用的燃油，就從三百毫升增加到四百毫升，足見還有非常大的空間可以改善引擎燃油效率。

完美的引擎，應該是善用每一滴燃油毫不浪費，可以達到熱效率百分之百的效果。話雖如此，實際上過於理想化，根本和現實脫節。但一定還有什麼方法可以提升熱效率，達到更接近理想境界。一直以來，汽車研發工程師長期關注的有效方法之一，就是HCCI均質混合氣壓燃技術（按：HCCI為Homogeneous charge compression ignition縮寫，是一種以往復式汽油機為基礎的新型燃燒模式，傳統的汽油引擎透過火星塞點火，點燃空氣和燃料混合氣產生能量。但HCCI引擎則不同，它的點火過程與柴油引擎類似，透過活塞壓縮混合氣使之溫度升高至一定程度時自行燃燒）。HCCI均質混合氣壓燃技術是一種混合壓縮點火的燃燒技術，雖然在實際應用上仍有許多困難待克服，只要能成功解決則內燃機效率就有可能提升至六〇%，所以一直受人矚目。相較現今一般汽油引擎只有三〇%的熱效率，HCCI技術立即可達加倍效果，可以說是跨世代的技術。利用ＨＣＣＩ技術讓油料燃燒接近理想狀態，理論上，就不會產生不完全燃燒，也可以大幅降低氮氧化物與二氧化碳排放量，大幅改善環保效率。

就算沒辦法立刻達到理想狀況，至少也要有個開始；人見認為，研發高壓縮比引擎就是提升熱效率有效的方法。只要比以往的熱效率有改善，就表示從相同的燃油取得更多的動能，即使效能無法與ＨＣＣＩ均質混合氣壓燃技術並駕齊驅，至少能類似ＨＣＣＩ均質混合氣壓燃技術而改善環保特性；這不是一箭雙鵰的方法嗎？

長年以來，汽車業界為了提高引擎輸出與追求更高效能，一直投入高壓縮比技術的研究。但一般都認為：「除非是價值不斐的高階車種，乘用車引擎無論再怎麼改良，壓縮比也頂多從十改善到十一，如果再提高壓縮比，恐怕會發生各種無法預期的狀況。搞不好引擎效能還沒提升，引擎就給搞壞了。」所謂無法預測的狀況之一，就是爆震（knocking）。爆震是指送入汽缸內的混合氣體的異常燃燒現象，造成引擎無法正常運作，引擎出現怪聲的不規則震動現象；爆震也可能造成引擎損毀。

一般認為十四、十五的高壓縮比會引發無法預期的爆震現象，因此，研發這種引擎不但超乎常理且是極難的技術挑戰，最後所有努力很可能白忙一場。真的能夠完成那麼高的壓縮比嗎？更何況引擎研發歷史早已超過一世紀，倘若技術可行，也應該早已有人研發成功才對，怎麼可能只在短短幾年內完成？這注定是會失敗的。CFT6內部也曾經如此激辯過。

「與人見光夫同進退、共患難」

二〇〇七年四月，藤原從商品企畫商業部長轉任動力傳動系開發本部長。這次的人事命令簡直讓眾人跌破眼鏡，依據以往馬自達的慣例，該部門的本部長都是由於研發專業的元老級成員出任。

這個人事命令，也讓人見光夫嚇了一跳。人見的真心話是：「藤原到底是個怎樣的人啊？拜託，真希望這個人別再把既有流程搞得亂七八糟，或說一些狀況外的話。」

藤原在開發本部就任致詞結束後，立刻召集該部門的幹部員工談話：

「我的方針只有一個，就是全力以達成以世界第一為目標。以動力傳動系統來領導世界。

打造世界第一的車款才可以在世界各地抬頭挺胸、闊步前行，不是嗎？」

當時的幹部社員約有一百人；藤原又多說了幾句：

「請你們每一位以世界第一為目標而前進，朝著這個目標能做些什麼？想做些什麼？請大家把自己的想法寫下來交給我。另外，假如有人對這個既定目標有任何意見，歡迎直接寫信給我。」

就在本部長就任的一個月前，二〇〇七年三月，剛發表馬自達技術開發的長期願景「永續Zoom-Zoom宣言」。這個宣言，基本上就是根據藤原所帶領CFT6團隊的討論結果。藤原不只是參與討論，這次更受到重用肩負重任，執行並實現永續Zoom-Zoom宣言。

在要求大家提出自己想法後，藤原馬上就收到大約三十人的回應。

這個數字超過藤原的預料之外，因為如果不是敢跟藤原據理力爭，有氣概的人大多認為，研發出讓世人讚嘆的引擎一事根本無望，而剩下抱持正面態度的人，頂多認為機會渺茫，所以藤原並沒期待看到大家會有這麼積極的回應。當藤原逐一讀完這些人所提的報告，脫口而出：

「這樣的話，就行得通了」。

話雖如此，動力系統傳動開發本部內，到底有沒有兼具創意與才氣的工程師，能研發出讓全球驚豔、世界第一的引擎呢？或者馬自達內部會不會有人毛遂自薦呢？如前所述，藤原雖然一直認為加裝渦輪增壓的小型化引擎，應該就是技術趨勢的主流，馬自達能否依賴這種技術成為世界第一，實在沒有十分的把握。

「與其說有開發的人選，還不如說也只有那個人，不過，那個人很胖啊！」

「到底在說誰？」

「就是人見光夫，這個人絕對適合暢談技術願景。」

對藤原提出建言的就是同為動力傳動開發本部主任工藤秀俊，自一九八六年入社以來，一直待在研發部門，直到二〇〇五年六月成為引擎實研部主任後，才加入CFT6團隊陣容。同樣身為引擎研發者，工藤非常清楚人見長期關注高壓縮比引擎的發想，也長期投入高壓縮比引擎技術的開發。

即使多年來在同公司共事，但人見光夫完全不曾在商品相關單位中露臉，所以藤原對他完全沒有印象。

「人見到底是怎樣的一個人啊？」藤原聽了工藤的建議之後，決定直接去人見的辦公室找他。

與藤原面對面，人見結結巴巴地說出自己對引擎研發的想法。

提出執行引擎小型化的問題，還說出只要能遵循書本上所寫的理論與原則，研發高壓縮比引擎才是馬自達正確的道路。即使對自己所提出的建議很有自信，但人見卻沒有更進一步地動作，當然也沒有大聲說出：「全部交給我吧」。對於長期未受重視，一直悶在研發環境的人見來說，這樣的表現也是很正常吧。當時，人見已經五十七歲，距離退休只剩短短三年，他曾說：「在馬自達繼續當上班族的日子算一算，也到了『第四彎道』（按：意指賽馬場上的最後一個彎道），距離終點目標也只剩最後一段直線，莫非部長的職位，是我這輩子職涯的巔峰？」這樣的想法，曾占據人見的腦袋。

藤原聽了人見的分析後，過了幾天，便發一封信給自己長期信賴的某開發部長，內容開門見山地說：

「我決定跟人見光夫同進退、共患難。」

後來，這位部長把藤原的郵件轉寄給人見，人見說：

「原來，藤原是個講信用的人啊！」

三個月後的二〇〇七年八月，人見升任為動力系統開發本部副部長，也就是藤原率領的開發本部第二把交椅的位置。藤原也表態要跟人見一起打拚的決心。

深入研究內燃機的性能

人見光夫描述願景如下。

一般汽車所使用的內燃機，因使用的燃油不同，分為汽油與其他輕油燃料的柴油引擎兩種。一直以來，馬自達對兩款引擎都有研究。所以不論是汽油或柴油，透過徹底改善馬自達自家的內燃機性能以達到理想境界，才能提升環保特性，進而與油電混合車相提並論。

從汽車的商品特性與產品魅力觀點來看，如果內燃機環保效率能夠接近油電混合車，那麼前者絕對較具優勢。原因有二，一是油電混合車必須加裝電池與電氣馬達等設備，製造成本增加，因此在價格競爭力方面就相對弱勢。這一點與馬自達替客戶省荷包的宗旨就背道而馳。此外，大型廢棄電池還有很多潛在麻煩的問題。

其次，隨之而來追加的電力系統就不可避免地增加車體重量，對汽車的效能影響不小。這樣馬自達的車就無法符合Zoom-Zoom宣言中為使用者提供優越駕馭感的訴求。如同前一陣子公開發表的永續Zoom-Zoom宣言所言，唯有持續研發能夠維持Zoom-Zoom感受的車款，開發出更進化高階並符合社會期待的汽車，才是馬自達前進未來唯一的道路。

因此人見重新設定馬自達內燃機研發的目標，為了讓目標能更明確清楚，以B級距（馬自達為Demio〔Mazda2〕）車款等級為前提，分別訂出下列三個階段。

第一階段：改善內燃機與車輛，使環保效率能和輕度混合動力車（Mild Hybrid）並駕齊驅。同時，雖然輕度混合油電車需搭配電力馬達，但其功能也僅只於輔助主要動力的引擎輸出。基本上這種系統無法單獨以電動車模式行駛，說得更簡單一點，只要引擎不啟動，這種汽車就無法前進。

第二階段：預計二〇一五年達到油電混合車水準（以豐田 Prius 為代表）。

第三階段：以極致燃燒構造的ＨＣＣＩ均質混合氣壓燃技術為目標，開發出理想引擎。

如果能成功開發出連一滴燃油都不浪費，具有最高水準的熱效率引擎，肯定也具備最強的環保特性。

依據人見的計畫，第三階段設定二氧化碳排出量以每公里五〇公克為目標。如果研發成功且搭配載此款引擎的馬自達汽車生產量達七〇％，其餘三〇％為電動車款，與一九九〇年馬自達生產的汽車相比，二氧化碳排出量將可大幅減少八〇％。

當年五月發表使用一・三公升汽油引擎的新車Demio（Mazda2），符合自動變速規格油耗模式標準（10-15 Mode，為日本國土交通省的汽車油耗測試），每公升油耗為二三公里。行駛每公里的二氧化碳排出量為一〇〇・九公克。競爭對手豐田汽車搭載一・五公升引擎的Prius，搭配油電混合設計的效果，油耗與二氧化碳排出量分別為三五・五公里與六六公克。當時，豐田的油電混合車年銷售量約達四三萬輛，占豐田整體銷量八四三萬比例依然偏低，所以對豐田汽車整體的減碳效果非常有限。但是，當時大家已經知道未來使用具有優異環保特性的驅動技術遲早會成為汽車市場主流。

人見帶領的研發團隊將開發焦點設定在追求極致的燃燒效率（熱效率）。目前熱效率只有三〇％上下，該如何降低高達七〇％燃料的耗損以提升熱效率，就是第一階段的重要任務。

目標值呢？一般認為柴油引擎的熱效率向來都比汽油引擎佳，實際大約在四〇％前後。人見認為柴油引擎能做到的事，應該沒道理汽油引擎沒辦法做到，基於這樣的想法，所以眼前第一階段的目標就是提升熱效率至四〇％。

到底送入引擎內燃油所具備的化學能無故消失的原因為何？開發團隊仔細思考後，認為「兇手」應該就是下列四種損失所造成。

第一是排氣損失。由空氣與燃油均勻混合的混合氣送入引擎，在汽缸內部受到壓縮點火爆炸而產生燃燒熱。一部分產生的熱能沒轉換成推動活塞的力量，卻提高燃燒後混和氣的溫度，結果形成高溫排出的廢氣。

第二則是冷卻損失，混合氣爆炸產生的部分燃燒動能，浪費在將包覆引擎持續循環冷卻水升溫。為維持適當引擎溫度的確必須利用冷卻水來降低汽缸內熱度。這個防止引擎過熱的冷卻機制卻搶走引擎所需的熱能，這部分的燃燒能量沒有幫助推動活塞，變成用來替冷卻水加溫。

第三是幫浦損失。只要想像用針筒不斷地把液體吸入擠出的樣子就不難理解了。活塞落下時將混合氣體吸入氣缸時，會產生阻力。此外，燃燒後從汽缸廢氣排放也有阻力。這些阻力也消耗了部分原本推動引擎迴轉所需的燃燒熱能。所以這種幫浦損失也會造成燃油消耗。

第四為機械阻抗損失。前述三項都是與引擎燃燒本身有直接相關的消耗，但第四項則是屬於引擎構造所產生的損耗。也就是說，只要引擎是由機械零組件所構成，例如軸迴轉的部分與活塞上下運動的零組件運作時，就會摩擦產生阻力。這種就稱為機械阻力損失，為了要抵銷這些阻力就勢必會消耗一部分燃燒動能。

分析上述四種損失的結果，發現這些就是造成全部熱能損失高達九五％的原因。尤其第一點的排氣損失與第二項的冷卻損失，兩者所占的比例就高達六〇％。

除了人力、物力和財力等經營資源有限，再加上設定以二〇一五年為目標期限，在種種條件下，若想期待具體成果的話那麼專攻第一點排氣損失與第二點冷卻損失，應該是最能立竿見影的選擇。所以便決定第一階段優先集中解決這些課題。

該怎麼做才能有效降低這兩項損失呢？自從人見還在先行開發部時期早就鎖定下列四個目標，分別就是壓縮比（按：詳見本章下一節〈挑戰不可能的任務：研發高壓縮比引擎〉內文）、空氣燃燒比（空氣與燃料混合的比例）、燃燒時間（燃料燃燒完畢所需的時間長度）和燃燒時間點（混合氣體點火的時間點）。因為只要從這四點著手就可以抑制排氣損失與冷卻損失，所以稱這四點為控制因素。同時，針對第三點的幫浦損失與第四點機械阻力損失的控制要素，推測應該就是吸排氣行程壓力差與機械阻力。

這四個控制要素每一項都與排氣損失及冷卻損失具有某種形式的關聯。但身為研發負責人，人見仔細思考到底哪一個才是「保齡球的一號瓶」，再以它來設定研發的目標。

「保齡球一號瓶」的說法，是指保齡球以一號瓶為頭，總計十隻球瓶朝向發球者呈現倒三角形排列。保齡球球迷都知道，如果想一球擊出全倒，必要條件就是得擊中第一號球瓶。反過來說，只要順利推倒一號瓶，那麼其他九支保齡球瓶也會應聲倒下。套用到控制要素上也是相同的道理，把目標放在第一號瓶的意思指的就是引擎壓縮比。因為所有控制要因中，壓縮比同時對排氣損失與冷卻損失都具有最大影響力。只要能適當控制壓縮比，其他控制要因的技術問題應該也可以找到改良的方向，跟著迎刃而解。所以人見所說的保齡球第一號瓶就是克服開發難題的最重要關鍵。

不只是自己深信瞄準保齡球一號瓶的理論，人見只要一有機會，就用這個理論來勉勵工程師。只要目標重點明確，就不會搞錯研發的方向，逐一解開所有的疑惑，才能一口氣找出最佳的突破解決方案。

挑戰不可能的任務：研發高壓縮比引擎

「人見兄，就算把壓縮比提升到十五，你難道不知道汽缸內壓力突然驟降，只會造成力量不足嗎？搞不好還會破壞引擎。」

「不管怎麼說，先試試看再說。就算要下結論也得先試過再說吧。如果想驗證這個假設，就得是像時鐘的鐘擺一樣，逆向思考才行啊。」

沒有先入為主的觀念，人見也不會急著做出結論。在驗證假設與實際驗證時，人見所傳達的態度就是宛如鐘擺般，採取逆向思考的態度。

有關引擎熱效率，一直以來都認為若將壓縮比由十提升到十五的話，將可提高約九％的熱效率。若是果真如此，唯一的方法就是把壓縮比提高到十五了。

所以也開始挑戰超高壓縮比引擎。

馬自達研究以達到極致燃燒為目標，首先投入數億日圓，以五〇〇毫升的單汽缸汽油引擎製作研究專用的設備，這個尺寸只要擴充成為四組汽缸就成為二公升引擎。

並循序漸進設定高壓縮比的目標，先從壓縮比十二開始，再慢慢朝十三、十四、十五邁進。當壓縮比超過十三，就引發意想不到的現象。提高引擎轉速並以不超過爆震極限為設定條件時，就發現即使壓縮比設為十三，也不會引發產生引擎輸出馬力減弱的現象。即使壓縮比為十五，馬力輸出也都維持平穩。

沒多久，研究團隊就發現原因了。汽油燃料壓縮到某特定程度時，汽油因受到擠壓而溫度上升，汽缸內部分子就會慢慢產生發熱反應，這個熱源會導致氣缸內壓力上升（低溫氧化反應）。這與混合氣點燃所引發的爆炸不同，而是利用混合氣膨脹來補強輸出不足的馬力。

馬自達注意到即使提高引擎壓縮比，馬力不足的狀況只會維持在某個程度，並不會一直持續減弱。這可以說完全是拜人見對於實驗堅持的態度：實驗就必須像鐘擺一般逆向思考，如果沒友人見對實驗堅持的態度，馬自達也不可能發現這個驚人的結果。

有鑑於此，人見的結論就是高壓縮比汽油引擎是可行的。期待利用高壓縮引擎同時來提升熱效率與環保性能。或許應該說唯有高壓縮引擎才能達到一箭雙鵰的效果。正是有了這樣的覺悟，馬自達在二〇〇七年三月所推出的技術開發長期願景永續 Zoom-Zoom 宣言，正是以人見所追求的引擎高壓縮化目標作為馬自達獨家研發前進的道路。

如前章所介紹，高壓縮化引擎的爆震現象，如同巨大高牆阻礙馬自達前進。開發團隊也竭盡全力想找出對策。

內燃機的原理就是吸入汽缸內的空氣與燃油的混合氣體，經過活塞一再壓縮後點火爆炸，並藉此將燃料本身的化學能轉換為燃燒熱能，再轉變成推動汽車前進的動能。

前面所說汽缸內充滿混合氣時的汽缸內容積（設為A），與點火燃燒爆炸時，透過活塞擠壓的空間容積（設為B），A除以B得出的數字就稱為壓縮比。舉例來說，如果A是五〇〇毫升（即五〇〇立方公分）、B為一〇〇毫升時，壓縮比就是五。如果B為五〇毫升，那壓縮比就提高為一〇。將點火燃燒爆炸時的容積（B）愈小，即壓縮比愈高時，引擎能產生的能量就更大，所以壓縮比十的引擎輸出效率絕對優過壓縮比五的引擎，效能更好。所以，就小型引擎來說，唯有提高壓縮比才能產生更大馬力。麻煩的是，一旦壓縮比拉高到十一或十二時，不可避免地就會產生爆震現象。

眾所皆知，會引起爆震最大的原因就是氣體自燃，人見光夫分析這個現象，了解這是成功開發高壓縮化引擎必經的過程。而自燃現象和引擎機械造成的點火作用無關，而是燃料本身不正常的燃燒現象。如果燃油開始不正常燃燒，引擎當然無法正常運轉。當人見只是個「自生自滅部長」的時代，他就十分清楚這個原理，只是當時完全沒能取得任何經營資源的狀況下，也只能眼巴巴看著這個問題，卻完全無法著手解決。

控制爆震，克服自燃

十多年前有駕駛過汽車經驗的人，應該都不只一次遇過汽車低速行走時，大力踩下油門想提高引擎轉速之際，引擎竟然發出「喀達喀達」的聲音，汽車也出現奇怪的震動之後，車速變慢而不知所措的經驗吧！這種引擎異常燃燒的情形就稱為爆震現象。

為什麼會發生爆震呢？

一般引擎的內燃機由混合氣吸入、壓縮、爆炸與燃燒後氣體排出的四個行程所組成，並且反覆運作。也就是吸入混合氣燃燒完畢，排出廢氣後又開始吸入混合氣的循環過程。話雖如此，事實上燃燒後氣體排出不完全，汽缸內部殘留少量氣體時又再度吸入新的混合氣體。當引擎壓縮比偏低時，殘留氣體影響有限，還能透過引擎控制裝置來控制燃燒狀態。但是，隨著壓縮比增加，燃燒後高溫殘留氣體造成新吸入的混合氣溫度上升，即使汽缸內部完全零殘留，氣體也會因壓縮過程而溫度上升，壓縮率愈高，更造成壓縮後的混合氣溫度上升。雙方產生綜效，經常造成混合氣體溫度過高引發自燃，就容易誘發爆震現象。

通常引擎都在吸入混合氣壓縮到極限的瞬間點火，但這些混合氣並非點燃瞬間就爆炸燃燒，從點火瞬間到燃燒擴及整體混合氣還是會出現時間差。（不過，這已經是非常短暫的瞬間。雖然是題外話，以時速九十公里行駛高速公路時，一般引擎回轉數約每分鐘二千轉。相當於每秒約三三轉。火星塞不停地以每兩迴轉一次的頻率，對各汽缸點火，也就是短短一秒內要點火十六・五次。以四汽缸引擎為例，每秒點火次數估計高達六六次。）自燃現象就在燃燒還未擴散至全部混合氣之前發生。也就是混合氣體在火星塞點燃火苗尚未抵達之前，就產生自我燃燒現象（未燃燒尾氣〔end gas〕）。因為自燃現象無法預估所以也沒辦法控制。正常的混合氣燃燒，如果遇到不受控制的自燃現象時，將引發汽缸內部壓力瞬間上升，所以才引起會讓駕駛緊張的引擎異常震動狀況，甚至可能破壞引擎。

這也就是市面上一般乘用車幾乎採用最佳控制範圍的經驗值，壓縮比為十到十一左右的實用引擎。

究竟怎麼做，才能減少自燃現象並控制爆震呢？如果能找得到解答的話，那夢想中的高壓縮比引擎就在不遠的前方了。

首先，第一步就是控制難纏的自燃現象。此外，在採取控制動作前，讓混合氣體儘快燃燒完畢，盡量減少可能引發自燃現象的環境。

第二步，混合氣體燃燒後的殘餘空氣就是引發自燃的導火線，必須盡量減少殘留。最佳狀況當然是零殘留，但在實務操作上極度困難的。

要抑制或控制自燃現象，必須具備以下三項技術：

一、事先預測引發自燃

二、檢查出自燃現象

三、避免自燃並事前防範

確立上述三種相關的技術，加以融合靈活運用，應該可以控制自燃現象才是。

要減少引發自燃的導火線，就必須想辦法減少混合氣體燃燒後殘留，甚至能達到零殘留的最佳理想狀況，這簡直難如登天。反過來說，要是能打造不會引發自燃現象的環境，應該就能更接近理想的燃燒狀態吧。所以決定縮短混合氣體燃燒時間，讓還未燃燒的混合氣尚未接觸汽缸內高溫殘留氣體之前，就已經完全燃燒殆盡。

事實上，有二種加速燃燒的方法。

首先，混合氣是由空氣與燃油混合而成，混合比例不均勻，就需要較長的燃燒時間。所以，必須想出如何夠讓燃料分子與空氣中的氧分子能迅速反應並均勻混合的方法。

再來就是要重新設計汽缸構造，讓火星塞點火後，汽缸內的燃燒能迅速均勻擴散。

第一點解決方法是增加噴射混合氣體噴射孔，以避免混合氣體分布不均勻的現象。只要孔數愈多，氣體混合的比例應該愈均勻。為了加速燃燒速度，猛烈地將混合氣體噴入汽缸內，也能讓混合氣體劇烈攪動而幫助燃燒。如此一來，應該也會加快火星塞點火的火焰擴散速度。依據這樣的推論，開發團隊為了加強混合氣體流動，並提高噴射壓力，設計出可將混合氣朝五個不同方向噴射裝置的燃油噴射機構，稱為多孔式噴油嘴（multi-hole injector），採用此款噴射設計也帶來俗稱為汽化熱效果的附加價值，這原理就像炎夏之際，常會在許多街角看到噴霧狀灑水系統般，可以讓人感受到清涼的效果。相同的原理，藉由汽化熱作用，也降低了混合氣體溫度。汽缸內部降溫作用也可防止內部升壓，有助引擎高壓縮化的實現。

第二點的解決方案，簡單來說活塞壓縮後，汽缸內部空間形狀就像是個倒置的木碗。而火星塞就裝在木碗的高台（即汽缸的最上方）中心處，如果仔細觀察火星塞與汽缸內各部位的距離就會發現，火星塞距離正上方幾乎呈現平面位置的距離，相較於火星塞到周邊位置的距離特別短。因此位於火星塞正上方的混合氣會迅速燃燒殆盡，這個壓力反而會影響火星塞到汽缸周圍的燃燒速度。因此將活塞上方高台形狀設計為凸面狀，使汽缸內部空間形狀由碗狀改變成圓頂狀。而直接與活塞火星塞頂端凸面的接觸位置改為凹面，並在這些地方保留部分小空間（稱為模腔〔cavity〕）。如此一來，火星塞產生的火焰就能夠迅速又均勻地燃燒混合氣體。

接著，該如何減少有待解決的殘留氣體呢？混合氣燃燒後未排出的高溫殘留氣體，連帶提高剛注入汽缸內部新的混合氣體溫度。當混合氣體溫度愈高，發生前述自燃現象的可能就愈大。再加上提高壓縮比也會造成混合氣本身溫度上昇，更容易誘發自燃現象。

目前普遍的引擎產品規格採用壓縮比為十、殘留氣體比例約一〇%、點火前混合氣體溫度約五六〇度，是目前認為防爆震效果最佳的等級，一般也認為這就是防止爆震的溫度極限。如果將殘留氣體維持固定比例在一〇%時，引擎壓縮比提高至十四，點火前瞬間混合氣體溫度會有什麼變化呢？由於混合氣溫度隨著壓縮比提高而上升，溫度（按：溫度皆為攝氏）高達七〇〇度。與壓縮比十相比，溫差高達一四〇度。在這種溫度下引擎根本沒辦法連續運轉。

接下來的實驗，改成降低殘留氣體的比例。殘留氣體比例降到四%時，火星塞點火前混合氣體溫度降至四八〇度。與壓縮比為十溫差可達八〇度（五六〇度減去四八〇度等於八〇度）。會產生如此大幅降溫的原因，就是殘留氣體溫度極高，殘留比例愈大，對新吸入混合氣的溫度影響就愈大。具體來說，當新吸入的混合氣體溫度為二七度，殘留氣體一〇%的條件下，混合氣體溫度則升高至九九度。若只殘留四%時，溫度則下降到五六度。兩者的差別在於點火前瞬間混合氣的溫度差。所以只要降低殘留氣體比例，讓混合氣體溫度降低，降溫的幅度剛好提供了提高壓縮比的空間。殘留氣體比例為十、壓縮比為十時，點火前溫度為五六〇度。把殘留氣體比例降至四%，且控制點火前瞬間溫度在五六〇度，壓縮比能提升多少呢？研發工程師在實驗後發現有機會可以提高到十四，也就是說如果殘留氣體比例可大幅降低六〇%，壓縮比就可以順勢從十提升到十四。藉此發現，降低殘留氣體量的效果竟對然提升壓縮比具有如此驚人的效果。

接下來介紹引擎構造。引擎的汽缸上方，裝有吸入混合氣的進氣口與進氣閥，旁邊緊連著排出燃燒後氣體的排氣口與排氣閥。每個排氣口都接著各自的排氣管，排氣管形狀就宛若叉子一樣朝汽車後方延伸。從汽缸延伸出地的各個排氣管在某固定位置，合而為一後再將廢氣排放到大氣中。因此，多汽缸引擎（不含單汽缸引擎）的叉子前端則為複數。考量成本，排氣管當然是愈短愈好。但當排氣管長度過短，又會阻礙殘留氣體排出。以四汽缸來說，第三汽缸排氣閥打開後立刻排出高壓廢氣，如果廢氣直接從排氣管完全排出，就不會產生問題。

但由於排氣管通常呈現叉子形狀，從一號到四號汽缸延伸而出的排氣管，彙集到某固定位置後集結合而為一。正是因為這種叉子的形狀，從三號排出的高壓廢氣壓力波，沒有筆直地朝後方排出，卻偏向排氣行程結束後正準備吸氣行程的一號汽缸，反而將一號汽缸所排出的部分廢氣又推回汽缸內，一般稱為排氣干擾現象。正因為各排氣管緊密相連，設計上又沒有單向通行的限制，造成廢氣逆流反而增加氣體殘留量。而且叉子前端愈短，逆流影響就愈大。從整體乘用車設計的觀點看來，引擎本體小型化與降低成本息息相關，當然也就希望排氣管愈短愈好。但過短又容易造成氣體殘留問題，更容易引發爆震現象。

為了達到高壓縮比，縱使增加成本也無可避免必須改善排氣管，還不如動腦思考如何設計排氣管來降低殘留氣體，藉此防止自燃、控制爆震。

假如排氣干擾的原因是排氣管長度太短，那只要把排氣管加長就可以解決了。這麼說來，延長某汽缸排放的廢氣抵達其他汽缸排氣口的時間，理應可降低干擾的程度。其實，市面上已經有針對降低排氣干擾所設計的排氣管，如四－二－一排氣管就是其中一種設計。而前文所介紹四小管合併成一根排氣管的設計稱為四－一排氣。

這種設計並非同時合併四個汽缸的排氣管，而是分別先合併一號與四號、二號與三號的排氣管後，兩根排氣管再結合成為一。利用這樣的設計，三號管所排出的廢氣在管中逆流，要抵達一號排氣管出口的時間因距離增加而變長，可降低對一號排氣的妨礙程度，也減少氣體殘留。若設計得當，排氣閥在排氣壓力波抵達鄰近汽缸排氣口時已經關閉，就不會造成干擾。不僅如此，如果可以適當調整排氣時機，朝車後方的排氣壓還會形成負壓作用，有助於引出鄰近排氣孔的廢氣排放。

一直以來，四—二—一排氣具有提高引擎馬力的優異效果廣為人知。所以，人見光夫所考慮的四—二—一排氣設計，除具有解決爆震的功能，同時也兼具提升引擎馬力的效果。這不正是一箭雙鵰嗎？

如此一來，也就確定了控制爆震的方法與機制。

只是四—二—一排氣並非完全沒有缺點。

從引擎動力性能觀點來看，即使成本高但優化車體性能效果顯著，但是，如果從引擎的環保效率來看，就有負責淨化排氣的觸媒，在引擎剛發動的低溫狀態下無法發揮效能的問題。觸媒是安裝在引擎延伸出的排氣管後方有段距離的位置，四—二—一排氣因為排氣管較長，排氣尚未抵達觸媒位置，廢氣溫度就已經降低，所以引擎仍在低溫狀態時觸媒無法有效作用。一般只要溫度達四〇〇度，觸媒就能發揮效果。但四—二—一排氣時，引擎發動時大約溫度只有二〇〇至三〇〇度左右。即便嘗試延後點火時間來提高汽缸內混合氣體的溫度，卻造成燃燒不穩定。為了防止燃燒不穩定就得加速混合氣體的燃燒速度。

這時，前述活塞部所設計的模腔發揮作用。只有在引擎剛啟動時，引擎溫度偏低時，送入高燃油濃度的混合氣，將燃油集中在此部位，故意引發類似自燃般的燃燒。只要維持這樣的狀態二〇秒就夠。之後就回歸正常燃燒狀態。透過這個方法，即使引擎剛發動溫度偏低時，也能維持穩定燃燒並確保排氣能達到觸媒運作溫度，解決環保淨化問題。由於這些巧思，因此不需要為引擎冷機狀態的二〇秒而加裝輔助裝置，也順勢解決車體重量與成本增加的難題。

預燃，是另一個障礙

採用四─二─一排氣方式打造近乎完美的理想燃燒環境，有效提升控制爆震能力，並朝高壓縮比開發邁進一大步。但是，有待克服的難題並非這樣就結束了。隨著引擎壓縮比愈高，就更有可能衍生出其他狀況。對開發工程師在克服爆震之後，即將面臨下一階段的技術障礙，就是稱為「預燃」的不正常燃燒，最糟的狀況可能破壞引擎。

預燃的發生與混合氣體的燃燒擴散無關。而是經過極度壓縮混合氣本身的高壓與高溫引起的自燃現象。一般來說並不常發生，但是，如果有諸多不利混合氣體燃燒的條件同時並存時，就會發生的風險。雖然出現機率極低，只要是大量製造的引擎商品，就不能漠視這個稀有現象的風險。不利條件包括零組件品質不均所引發的高壓縮化、碳附著所引起的高壓縮化、行車環境的高溫，以及使用低辛烷值或劣質燃料等，這些都是一般消費者使用環境中可能經常發生的情況。

因此，有這麼多不利條件存在的狀況下，只要馬自達企圖打造高壓縮比引擎，就必須想辦法找出控制預燃的技術，才能通過這關考驗。

開發團隊先故意製造預燃的異常燃燒，詳細驗證當下各種引擎的動作條件與預燃之間的關係。得到什麼時間與條件才會引發預燃，或是哪些條件下能維持正常燃燒的紀錄數據。利用舊款開發專用引擎，連續測量從活塞的最高位置（上死點）降下時的位置與熱能產生大小的關係。發現只要預燃現象發生時，熱量會急速上升。此外，當活塞降至某一特定位置時，混合氣燃燒速度變得非常迅速，熱量反而不會迅速上升，也杜絕了預燃發生的機會，呈現正常穩定的燃燒。將長時間累積測試資料導入圖表，讓異常與正常燃燒的分析資料可視化，進一步導入具體實驗階段。

如果實驗結果能具普遍的穩定性，就更能幫助理解異常燃燒與正常燃燒領域，一旦能掌握異常燃燒前的徵兆，當然就可以想辦法迴避。

他們腦海中浮現 Livengood-Wu 積分公式（按：J. C. Livengood 與吳承康〔P. C. Wu〕共同研究爆震的成果），簡單介紹一下這個饒舌的專門術語，根據這個公式，認定只要能詳細記錄火花點火位置未燃燒氣體的溫度與壓力變化，就可以推估引擎爆震可能引發預燃發生時間點。這是已經廣為人知計算式，大家都說以這個計算式所導出的預測值，非常接近實際測試的結果。

幸運的是，馬自達導出的預燃實驗式，與 Livengood-Wu 積分公式結果非常接近。單單書本上用寫的，或許對讀者來說可能會認為不過就是幾個算數式的驗證罷了。但是，至今尚無對於高壓縮比引擎連續運轉會產生什麼現象的經驗與紀錄，所以世上幾乎沒有這個公式相關的資料。再次驗證徹底堅持人見風格的「晃動鐘擺理論」（按：逆向思考）才能得到的結論的實驗成果。

因此，預測預燃的方法才能從累積經驗值進入客觀的理論探討階段。既然可以透過理論來推測預燃，應該就能找出解決對策。這可以說是實務上的轉變，讓馬自達解決爆震的目標，又往前邁進了一大步。

由此開始，研發團隊隨時檢測汽缸的壓力變化，透過將測量值導入自己的實驗假說，確定理論與實際上都能準確預測爆震發生時間，才算真正確定了馬自達獨家的技術與知識。

為了控制爆震現象，在量產的引擎內加裝能隨時監控汽缸內壓力變化檢測器，這個做法可說是業界創舉。但是，生產汽缸內部安裝壓力計的引擎，以理論面看來可行，若要真正加裝到量產引擎上就是個頭大的問題。實驗室所用的引擎，就算壓力計體積再大，或再怎麼難安裝，動點腦筋還是可以解決。但要加裝在所有量產引擎上，就算先不管引擎設計與製造上的問題，車輛售價勢必大增而被打回票。從產品競爭力看來，是個大問題。

難道說，沒有取代壓力計的方法嗎？

開發團隊在觀察自燃現象時，也注意到混合氣體燃燒時產生離子的情形，發現點火燃燒逐漸擴散時，可以發現混合氣體前端有正離子，反而在火星塞周圍則慢慢地聚集愈來愈多負離子。在不斷重複各種實驗過程中，也確定這些負離子的聚集方式，與自燃引發的時間點之間有相當緊密的關聯。也就是說，在發生自燃的前後時間點，朝火星塞流動的負離子電流量增加。安裝壓力計是為了要檢測汽缸內壓力變化以預估自燃發生時間，如果觀察負離子電流量也能達相同效果，自然就可以取代安裝壓力計的方法。

研發部門思考如何設計出一個既能長時間接觸火星塞，又能擔負檢測任務的零件，結論就是加裝一個內建提前點火線圈迴路的感測器。這樣所增加的成本，簡直不能與加裝壓力計的提案相提並論。因此，確實掌握控制爆震與提前點火這兩項技術，伴隨高壓縮比所造成異常燃燒的課題，才算真正克服。

以內燃機引擎正面挑戰環保車

「人見君，四—二—一排氣確實有助高壓縮比引擎，但成本這麼高可是個大問題。如果是高價的特殊車款也就罷了，連市場競爭激烈的B級車 Demio 都要採用四—二—一的話，成本恐怕……。」

「非常同意，從設計跟生產部門的角度來看也是很大的問題，而且體積增大的排氣管要怎麼塞進那麼小的引擎室呢？萬一設計不佳，搞不好引擎還會朝駕駛座方向突出。」

真的要投產嗎？四周也不時出現質疑的心聲。

人見的回答簡單明瞭，馬自達全車系都必須搭載 HCCI 這種完美引擎，絕不因為車款等級不同就給予差別待遇，降低成本固然重要，但並不等於必要的零件都可以省略。四—二—一排氣是輕鬆引擎不可或缺，甚至可以說是引擎的結構核心，該花則花，不管排氣量多寡，馬自達全車系一律安裝，絕不妥協。

太大？引擎可能突出到駕駛座去？那應該是另外的問題吧！絕對可以找到方法解決，要做給大家看。從人見開始到所有的研發工程師，對產品的信念依然沒有改變，有關解決方案，之後的章節再做介紹。

一定要想辦法首創先例，做出能完全控制爆震的高壓縮引擎（高熱效率引擎）。

為了克服爆震所研發出自燃控制技術，將四－二－一排氣技術的「技術創新」，設計出殘留氣減量的新設計，人見光夫所帶領的動力系統開發本部在這兩個跨時代新技術上有重大的突破。

人見擔任動力系統開發本部副本部長約一年之後，二〇〇八年八月，金井與藤原為首的經營團隊，明顯感受到邁向世界第一引擎的研發工作正突飛猛進，公開發表永續Zoom-Zoom宣言，目標就是至二〇一五年前，預計短短七年內，要完成馬自達全球販售車輛平均油耗，將比二〇〇八年燃油效率提升三〇%的具體數據。事實上，馬自達也依照原定達成最初Zoom-Zoom宣言中，二〇〇一年起七年內，在日本國內販售汽車平均的燃油效率提升三〇%的目標。二〇〇一年到二〇〇八年，七年達成提升燃油效率三〇%的目標對象，只限於日本國內銷售車款，二〇〇八年日本國內銷售量為二一萬九千輛。不過，這一次馬自達同樣規畫將以七年時間，要提升燃油效率三〇%的目標，不同的是對象將擴及到全世界銷售台數。以二〇〇八年全球銷售量一二六萬一〇〇〇台，兩者目標數字差距可是百萬之譜。甚至還預言自二〇〇一年到二〇一五年止的十四年內，將專注研發以內燃機驅動裝置核心技術，企圖提升燃油效率達七〇%。就連外行人也很清楚這個任務的難度。

咦？這該不會是馬自達因為油電混合技術與燃料電池車研發落後所找的藉口吧？媒體對於上述發表內容後，反應竟都如此冷淡回應。

就在馬自達提出將以七年時間，完成全車系平均燃油效率提升三〇%的宣言之後的一個月（九月十五日），就爆發金融海嘯和其後的金融危機。全球金融業陷入前所未有的混亂，汽車產業也無可避免，馬自達營運當然也受到直接衝擊，經營狀況迅速惡化。自二〇〇一年度以來，業績穩定站上成長軌道，二〇〇七年度營業額達三兆四七五八億日圓、營業獲利一六二一億日圓，加上當期利潤九一八億日圓都是歷史新高紀錄，以中期經營計畫的提升計畫為後盾，正準備迎接下一個成長階段之際，對馬自達的打擊格外嚴重。

社長井卷久一與副社長山內孝，為資金調度四處奔走，取得千數百億日圓借款才得以救急。原定二〇〇八年度年初現金流量已經呈現吃緊狀態。第一季虧損一三九億日圓、第二季虧損八三億日圓。金融海嘯爆發之後，也就是第三季十月到十二月三個月內，現金流量出現虧損一七四五億日圓，資金週轉瞬間陷入緊急狀況。

馬自達為了應付如此劇烈變化的經營環境，下定決心重編經營團隊體制。兩個月後，十一月十九日，具工程背景精通生產、製造，甚至福特經營者稱為「製造大師」的井卷久一，由社長升任會長，擅長財務管理的山內孝接任社長兼執行長。他們都是在狂風暴雨的經濟環境下，眾人期待能夠掌舵的人事安排。

此時，也發生了一件在馬自達歷史上的重要事件。

因金融海嘯而受到巨大影響的福特汽車公司，在十一月十九日前，出脫原持股馬自達四億七三五三萬股中的二億七八〇四萬股，因為此次轉讓，福特集團對馬自達持股比例也從三三・三八％驟降至一三・七八％。

雖然馬自達立刻發表聲明「雙方同意馬自達與福特長期以來的戰略合作夥伴關係不受影

響，未來也會持續下去。」但對馬自達來說，能從一九九六年以來福特牽制的桎梏中解脫，也是不容否認的事實。未來就算有經營重大決策時，應該不需要和福特協議。對開發團隊來說，從此以後，金井應該不用再像二〇〇六年底一樣，馬不停蹄地長途跋涉與福特交涉了吧。

對人見而言，這也不算壞消息。自二〇〇七年擔任動力系統開發本部副部長以來，福特技術員常常跑來打探輕鬆引擎的研發進度，並逐一向福特總部報告。明顯嶄露「福特技術才是正道，馬自達新技術根本不可能實現」的態度。不僅如此，聽說還曾對人見說出 ridiculous（荒唐）、成本太高、不可能實現等潑冷水的字眼。現在，人見自己回想過去人際關係如此糟糕，應該是每天面對這些烏煙瘴氣的鳥事所賜吧。當然，再也不想重蹈覆轍。

金融海嘯的痛苦，馬自達也和其他車廠同樣陷入危機。即使陷入危機，單就福特出脫馬自達持股這件事來說，對馬自達或許不算是壞事。反而讓馬自達能根據自己的想法與實力，在輕鬆的研發環境下，也大大增加打造出輕鬆引擎與輕鬆動力系統的可能性。

不過，在急遽惡化的經營環境中，馬自達這個輕鬆引擎的研發能否繼續下去？或是該不該堅持下去？也正是該好好思索這沉重問題的時候了。

第五章

追求夢想也要精打細算

是否該繼續開發輕鬆引擎及輕鬆動力系統？二〇〇九年春天，馬自達來說正是迎向關鍵時刻的緊要關頭，仔細考慮的關鍵。

二〇〇八年九月爆發金融海嘯，造成全球經濟混亂，馬自達也和其他車廠一樣受到影響，造成二〇〇八年度業績大幅滑落。二〇〇九年三月結算營業額為二兆五三五九億日圓，與二〇〇八年度營業額三兆四七五八億日圓相比，減少達九三九九億日圓，跌幅超過四分之一高達二七%。代表本業獲利的營業利益項目中，沒有盈餘反而虧損二八四億日圓，最終損益呈現虧損七一五億日圓。與前年相比均大幅減少一九〇五億日圓與一六三三億日圓。

年度銷售量也較二〇〇七年度減少十萬二〇〇〇台只有一二六萬一〇〇〇台，衰退七·五%。尤其該年度第四季，即二〇〇九年一月至三月間，日本國內工廠稼動率甚至不到五〇%。雖然只有非常短時間，但馬自達的確曾經歷過沒事可做的窘態。二〇〇七年度締造業績、獲利和淨利達到歷史新高的佳績，實在是萬萬沒想到，市場變化如此劇烈莫測。

結束事業部，度過金融海嘯

俗話說福無雙至、禍不單行。金融海嘯也引發匯市劇烈變動。日圓持續走高導致出口不利，對已經慘澹經營的現況是雪上加霜。由於日本國內工廠汽車生產總量高達七成出口，全球銷售量八〇％仰賴海外生產販售，對馬自達這種匯率高敏感的企業來說，匯率變動造成極大的影響。當日圓升值就導致獲利明顯減少，在二〇〇七年整年度，日圓匯率維持在一比一一四日圓，二〇〇八年日圓持續升值為一〇一日圓，對歐元匯率也從一六二日圓升到一四四日圓，和其他貨幣合計的匯兌損失竟高達一〇二〇億日圓，讓馬自達損失慘重。由於隔年（二〇〇九年）國際匯率市場預估日圓仍將持續升值，馬自達不得不將美元匯率設為九五日圓、歐元設為一二五日圓的前提下重新思考經營策略，找出即使匯率在九五日圓，依然可以獲利的方法。

問題不只如此，銀行貸款迅速攀升也是個頭痛的問題。二〇〇七年度銀行貸款降至二八一一億日圓、負債率（自有資本率）也降至五一％，但是二〇〇八年度兩項數字卻增加到五三二六億日圓、一二九％。講得誇張一點，銀行貸款在短短一年內竟增加一倍。加上未來市場需求低迷、日圓持續升值，導致馬自達在降低生產成本與固定費用所努力的成果一筆勾銷，二〇〇九年預估營業額將比二〇〇八年度減二〇％，成為二兆三〇〇〇億日圓，預估虧損達五〇〇億日圓。前景一片黯淡。

原訂二〇〇七至二〇一〇年度為期四年的中期經營計畫，馬自達提升計畫所設定全球銷售一六〇萬台，營業獲利二〇〇〇億日圓的目標數字，計畫才剛開始第二年就得被迫大幅下修。

幾乎所有的組織都有一堵隱形的高牆。當組織愈龐大，各部門之間的牆就愈高愈厚。因金融海嘯導致未來前景不明的危機下，根本沒時間也沒心情去計較各部門自身的利益。二〇〇八年四月擔任常務執行董事，負責所有生產技術本部長，即現任社長小飼雅道在金融海嘯爆發後幾個月，在二〇〇九年初，提出馬自達對現行產品將徹底檢討，並實施降低成本措施。

每家車廠內部都會對成品與銷售中產品拆解分析（teardown），甚至拆解到每一根螺絲零件，以進行各種檢討與分析的設備。因此，召集零件相關的生產技術、研發，甚至採購幹部全員到齊，針對生產車款一台台分解並檢討如何降低成本。每拆解一個車款，這個會議就從早到晚進行檢討與辯論，期待碰撞出創意火花。每周固定舉行這種車款成本檢討會持續進行大約半年左右。參與成員並非以自己所屬部門的立場來看，反而是站在馬自達全體的觀點，進行非常徹底檢討作業。

「這個零件還需要貼生產識別標籤嗎？成本每張要十日圓，就算沒貼標籤，現場作業員光看外觀形狀也可以判斷吧？」

「這個內裝品的包裝會不會太誇張？」

「如果運送途中刮傷就麻煩了，所以才請供應商幫忙這樣包裝的。」

「包裝成本一張要一百日圓？那不就相當於零件十分之一的成本嗎？難道我們廠內運送組裝水準這麼差，竟然每十個零件就刮傷一個？」

另外，調查後發現頭燈設計也有跳脫基本三層構造，改為五層構造的產品。設計者本身是不是就以拉高成本為樂嗎？甚至更細微之處，以往汽車儀表上的各種指針，因車種不同而各有不同規格，完全沒考慮標準化，重新統計種類居然超過五十種。現在，這些指針的種類已經規畫共通使用，種類數量也降到十個以下。

小飼社長回想，由全體總動員一起思考，如何改進以往認為理所當然的事情，才能把成本降至最低。

「這次金融海嘯後的成本削減活動，其實每一位員工都有很大功勞。」

事實上，這也是成為製造革新的出發點。

唯有內燃機，才是馬自達的存亡關鍵

針對金融海嘯導致的危機，除了採取這樣的解決對策外，投入新世代產品的技術開發的部門，也不斷進行各種討論。

除了持續開發輕鬆引擎與輕鬆動力系統，但誰也不能保證一定有成功的一天。這樣的研究開發是否該繼續堅持下去？或是也該思考其他較為可行的方案呢？

當時的汽車市場，各家相互競爭投入開發消費者日益重視環保的車款，而豐田與本田兩社由於開發出油電混合車的有利武器，在國內外市場都累積了顯著的銷售實績。尤其是豐田汽車，單是二〇〇八年國內外油電混合車 Prius 銷量便高達四二萬九四一五台。印象深刻到只要在日本國內提到油電混合車，大家第一個聯想到的就是 Prius。但自一九九七年 Prius 問市十年來，二〇〇八年豐田的油電車款包括 Crown、Estima、Lexus LS 600 等主力車款，擴大到十種車款，銷售量約四十三萬台，幾乎是同時期馬自達總生產量的三分之一。而四十三萬台之中，日本國內市場銷售量約十萬四〇〇〇台。相對於二〇〇八年馬自達國內銷售量的二十二萬台，這個數字幾乎達馬自達銷售的一半。換句話說，日本國內每賣出兩台馬自達內燃機的汽車的同時，豐田也銷售出一輛油電混合車。從汽車是否重視環保的觀點來看，馬自達的光芒自然就愈來愈薄弱。

火力只要全力集中內燃機就行嗎？到底能不能成功開發「輕鬆引擎」呢？到二〇〇九年為止的十年間，以油電混合車為代表，開發所謂對於保護地球有功的環保車，以及從銷售狀況來看，馬自達也該想想哪種有效的方法，以免落於人後。

尤其是直接面對消費者的營業販賣店更是憂心忡忡。「馬自達的技術已經輸人一截了吧!?馬自達何時會出油電混合車呢？」這些都是顧客的心聲，同時，也是各地營業據點負責人對廣島（馬自達總公司所在地）的心聲。

在廣島總公司內部，也有許多擔心的聲音。

對輕鬆引擎，輕鬆動力系統的研究開發的資金負擔也不小。二〇〇四年以來，每年的研究開發投資持續維持在九〇〇億日圓以上的高水準。二〇〇七年度甚至達到一一四四億日圓。以眼前低迷的業績，往後還能夠持續投入約千億日圓的資金嗎？豐田與本田皆對油電混合車採取強烈攻勢計畫，難道我們馬自達不考慮嗎？不認真檢討看看電動車的開發嗎？

連馬自達公司內部對於輕鬆引擎開發仍心存質疑者，也趁著金融海嘯之際發表各種意見：「業績愈來愈糟，不，即使沒有惡化，趁著還來得及，就應該認真地探索變更開發方針。等到發現開發狀況無法如預期順利時才做，根本已經錯失時機，想要改變方向，就趁此時。對於不可能的事，還是早點放棄比較好吧。」

類似上述的各種負面意見紛紛出現。

如果考量全球經濟狀況及馬自達的營運狀況，會出現這樣的意見也是理所當然的。關注著馬自達的媒體們，也是類似的情況：「馬自達如此勇往直前，能否真的達成自己所設定的目標呢？到底加強的廢氣排放標準能否如期對應呢？萬一沒能達成設定目標，到頭來還是轉換方向開發油電混合車，那可就讓人看笑話了。」等類似的冷言冷語。

即使如此，完全不動搖馬自達經營團隊的方針。

答案絕對是肯定的，也只有開發獨家技術這個選項了吧。當時研究開發的最高負責人，也就是擔任董事專務執行董事的金井誠太所帶領的經營團隊的思考也非常清楚明確。

馬自達獨家的新技術開發，或者是油電混合車方式，就目前馬自達所擁有的經營資源中，絕對沒有多餘的資源同時押寶。

假若開發方向改成油電混合車技術而投入資金，辛苦開發至今，以世界第一為目標的這些技術就遭到消滅，倘若如此，這幾年間的努力宛如付諸流水。

對於豐田已經投入十年以上研發的油電混合技術，馬自達在提升計畫的最後關頭二〇一〇年是否真的能夠迎頭追上呢？就算是從現在投入十年，是否能夠追平呢？就算能夠趕上目前豐田的水準，對手在這段期間也正往前邁進呢。換句話說，能否以對手開發時間的一半以下的期間，開發出與豐田技術一較高下的技術力？答案很明顯，那就是不可能，而且終將失敗。就算是變更開發油電混合方式，也還有一個難關待克服，如何採用油電混合方式，卻又能展現馬自達的獨特性？要做到如此，就必須做到凌駕豐田油電混合技術的水準。

一想到此，馬自達向來自豪的內燃機技術，失敗的機率應該會降低許多吧。尤其是這幾年徹底研究的燃燒技術也愈來愈明確，對馬自達而言，繼續維持這個方向，應該才是正確又合理的選擇。

從提升環保效率並符合廢氣排放規範來看，對馬自達來說，將全力集中在內燃機上才是最合情理的。

歐洲所規範的廢氣排放標準，是針對二氧化碳排出量。由於嚴格規定以各家車廠汽車總產量的平均數字來檢驗，是每一家車廠都必須克服的重要技術課題。油電混合車的生產量目前也不到整體產量的一〇%。即使再優良的油電車，因為市場普及率慢慢上升，單靠油電混合車款提升總生產量的環保效率平均值，也實在成效有限。與其如此，還不如提升全車款搭載內燃機引擎的環保效率，以改善總生產汽車量的平均值，應該效率才會更好。如此一來，購買馬自達車款的每一位顧客，都能夠普遍地享受馬自達車的卓越環保效率。以投資報酬率來看，比起投入鉅額資金於研究油電混合技術，對馬自達才有利。

首先探究基本基幹技術的內燃機，以內燃機為核心提升汽車性能技術，電力系統與其他裝置，並配合產品開發階段執行策略。唯有如此，不論與他廠的技術競爭或是環保性能都能取得優勢，也不用遵循其他車廠的舊路。馬自達將這個戰略稱為「砌塊策略」（Building Block Strategy），並於發表「永續 Zoom-Zoom 宣言」時公布。

這個宣言發起人金井的主張非常清楚。

「唯有押寶高達汽車總生產量百分之九十的引擎內燃機，才是馬自達的生存命脈。」

對於馬自達的新技術，成功開發出輕鬆引擎並打造世界一流汽車的夢想，金井帶領開發團隊的態度，絲毫沒有動搖。

對於這個夢想，就連擔任經營企畫。商品企畫的常務執行董事丸本明，透過他冷靜的財務專業眼光來看，也站在同意的一方。丸本自一九八〇年進入馬自達，在福特主導馬自達經營時代的一九九九年六月升任為董事，以四十一歲的資歷成為馬自達創設以來最年輕擔任董事的人。

丸本回想起當時的討論：

「老實說，關注著研發進度過程中，二〇〇八年八月也就是金融海嘯前夕，已經預期次年度〇九年度的研發經費投資要縮減百分之二十至三十，二〇〇七年度的研發費用為一一四〇億日圓。過了這段高峰之後，也確實做到把必要資金降到一〇〇〇億日圓以下。」

不過，如果研發目標改成捨棄內燃機，改採獨立開發油電混合式，不但所需資金將會變成龐大的數字，研發時間肯定也成為問題而浮上檯面。以丸本的立場而言，對馬自達來說，把全體長期踏實所累積的重要技術能力集中於內燃機研發，應該是投資效率更高，且財務負擔相對較輕的最佳選擇。

綜合各種觀點，經營團隊判斷對馬自達來說，永續 Zoom-Zoom 宣言所提出的開發方針財務風險最低。

丸本對研發費用的預測非常精準。二〇〇九年起至二〇一二年止的四年間，研發費用幾乎維持九〇〇億日圓上下，自最高峰期每年約省下二〇〇億日圓。

事實上，丸本認為自二〇〇九年以後研發經費負擔會逐漸減輕，其實是有所根據的。輕鬆引擎與輕鬆動力系統開發的導火線，正是當時金井提倡「一起打造世界第一的引擎吧」之時，事實上不只是造成開發部門，甚至包括設計，製造甚至生產部門等整個公司內部都掀起了一股改革的風潮。

垂直整合是突破關鍵

「把眼光放遠，著眼在未來的十年後，如果能有足夠時間，就能追求夢想。我要說的可不是今天明天該做些什麼。即便如此，我們好不容易進入馬自達，還幸運地進入開發部門，難道你不想打造世界一流的車款嗎？」

第二章中已經介紹過了，金井就是用這樣的提問為起頭，從二〇〇五年左右，開始了投入全新馬自達車種的開發。不只是引擎，而是馬自達車款每一個細節都從零開始重新檢討，規畫到二〇一五年的所有車款產品線全部煥然一新的計畫。

象徵高壓縮比引擎的輕鬆引擎開發，根本就是超乎常理，不僅如此，全系列車款從頭開始重新設計，更是困難的任務。

將販售多年的現行車款改造，還要將構成汽車的重要零件全部改造，再以新款問世，這是業界相當少見的情形。為了控制汽車的開發與製造成本，並確保信賴性（可靠度），通常車廠所推出的新車款，大多是更換舊車款部分重要零件，絕大多部分則是繼續沿用舊設計。舉例來說，只將引擎換成新開發產品，與引擎搭配的底盤與車體，則使用穩定且信賴性高的既有零件，或者反過來的組合推出新車款。這種手法不但對製造廠與消費者雙方都有好處，以重視安全性的汽車產品來說，這也是市面上廣為認知且高接受度的新車開發方式。

想也知道，追求夢想的馬自達開發工程師的腦袋裡，是沒有這種選項的。就是因為全部重新設計，才可能落實成本降低並確保信賴性。再者，從發展、創新的角度看來，重新設計才能更加卓越，所以才更有價值。馬自達車款全部重頭開始設計的機會，別說是千載難逢，根本是空前絕後的好機會。

馬自達的弱點，在於單一車種生產數量過少，以及生產體制。由於沒有持續年度產量可達二〇萬或三〇萬台左右規模的車種，也無法建構高效率的專用生產線。不僅如此，生產體制也被迫強制採用福特所規定的單一車種大量生產的模式，更對馬自達發揮自我獨創的個性造成累贅。

為了實現夢想，就必須打破現狀，把握這個機會並確立藤原所說的馬自達生存方式。具體而言，不是福特所說的橫向標準化（水平整合），而是企圖追求主力的三車款Atenza、Axela、Demio之間的垂直整合。如果能實現這一點，將可跨越車體的大小，引擎排氣量的限制，不受限於車種，就可以達到零件與製造流程效率化。馬自達的未來生存之道，就在於垂直整合。

垂直整合的引擎開發也進行的相當順利，為了實現馬自達的生存之道，藤原清志擔任本部長的動力系統開發本部、負責車體和底盤等汽車骨架構造的車輛開發本部，以及負責生產製造技術的技術本部，分別代表動力、開發和生產的三方積極協力合作，才是最重要的事情。事實上，早在金融海嘯前，就有人希望能建立雙方積極協作模式，這個人就是丸本。

二〇〇七年春，在金融海嘯爆發約一年半之前，以丸本常務董事與動力系統開發本部長的藤原為首的午餐會報已經展開。目的除了希望強化研究開發與生產製造間的協力合作，更希望形成跨越組織架構的緊密關係。這個午餐會議對於之後馬自達的整體發展也有相當大的貢獻。從相關部門董事到本部長層級以下跨部門的與會者交換意見。讓開發與生產兩個完全不同部門的人能夠經常同桌討論交換意見，跨越立場與組織的代溝進而協力合作，也一起解決問題與任務。董事中也有同時精通生產與設計的人物，透過這個會議，針對各式不同議題聽取正反雙方的意見，以冷靜並合理的觀點來找出對雙方都能同意的妥協點、解決對策甚至思考突破點的模式。

每天在固定的會議室召開會議。討論議題最後膨脹到四十一個。針對不同議題，邀請開發設計與生產製造雙方負責人到場，一起用餐並互相討論，會議結束前並由所有出席人員確認雙方的後續作業。

「從今天算起七天內，一定要交出答案。」

這不是為了討論而討論的空談，對參與會議者來說經常能得到能夠付諸實行的答案，讓自己的工作能向前邁進的有效會議。

研發與生產部門沒有對立的餘裕

以汽車公司的組織來說，開發設計部門的工程師與生產製造部門的工程師之間，雖然不至於對立，但是，常常因工作協調而有微妙的緊張關係。為了新車研發所畫出的設計圖，到了生產端可能就聽到：「沒辦法做出這種形狀的模具，零件那樣配置的話，生產線組裝既麻煩又花時間，生產效率很差」而要求修改設計；或者是設計反過來質疑生產能力而下訂單等，經常可見類似情形重複發生。這些往返交涉在不知不覺間也讓大家的潛意識中，演變成為彼此卸責。凡事以自我立場為優先，而忘了設身處地為對方著想，常常強加一些不合理要求。

「這個地方應該要弄好一點。」

「好的，了解。」

「可以做到的啊？為什麼不一開始就做呢？」

「不是這樣的，當初設定的目標只到這樣，又沒人要求。」

設計的現場或者是在生產現場，只要一直出現這樣的做事態度，當事者就沒有辦法跨越部門的高牆，一起共享智慧，也就不可能產生「三個臭皮匠勝過一個諸葛亮」的效果。

馬自達在這方面也無例外。一直以來，身為經營高層的社長如果出身於生產製造部門，那麼與工廠關係較深的人就容易做事。如果出身於開發部門，則開發系統的人工作就比較輕鬆。只是一直還找不到機會可以改善這樣的微妙關係。

在此之前，馬自達的開發與生產部門之間一直有鴻溝存在。總公司的廠區內同一棟建築物的二至四樓為生產部門，五樓以上就是開發部門，雖然同處一棟大樓，相互間卻關係冷淡。高層一有異動，就會大大影響開發與生產的力量。藤原也這麼說：

「擔任 Demio 主查時，某個負責生產的董事對我說：『你是福特的心腹吧？』」

然而，對馬自達來說，已經沒有時間可以搞內鬨了。

當務之急就是恢復馬自達的生產方式，並讓之發揚光大才是最重要的。

馬自達在一九九六年福特掌握經營權之前所累積的生產製造技術，是以垂直整合概念為基礎的生產技術與經驗，無論車體的大小或引擎排氣量，同一條生產線上可以生產多種車款的模式。讓這種混流生產的概念重新復活，並且設計出全新生產流程。進一步把無法適用此生產方式的車輛施以融合設計。唯有完成這個馬自達流派的生產方式，才有可能成功打造世界一流車款。從開發設計負責人與生產製造負責人腦力激盪的午餐會議為核心，慢慢地建立出對工作優先順序一致的相同理念，才能彌平開發設計與生產製造之間的鴻溝，雙方都清楚明瞭要打造出世界第一車款，所必須跨越的課題與障礙，才能共同朝偉大的目標邁進。

打造全公司態度的重要一環，就是所有生產部新進員工，入社前三年，必須進到與將來自己職務相關的研發部門學習相關工作的實習計畫。這項計畫是二〇〇八年，當時擔任開發專務執行董事的金井誠太對同為常務執行董事，當時負責技術本部長的現任社長小飼所提出的人事交流建議。二〇一〇年在小飼之後接任技術本部長的現任常務執行董事菖蒲田清孝等人的跨部門實習已經滿三年，也回到原來隸屬的生產部門，聽說把在開發部所學應用於生產線相關作業上。透過這樣的實習計畫，開發與生產關係更加緊密，也提高人才在公司內部的流動性。正因如此，不只是金井原本鎖定的硬體目標，甚至也展開了軟體的全面革新。

「基本架構」與「彈性生產」

根據金井的夢想要打造世界一流的汽車，消除所有限制，將每個工程師所想到的理想設計都加上去的話，那麼這個產品到底會有肥大化？開發的堆疊方式向來都是自古以來的手段。也根據不同的車種、引擎、底盤以及車體等，個別的累積上去，這樣不但造成人事與時間不必要的增加，因各車種不同而重複工作內容造成效率不高。對每年生產量約一二〇萬台左右的馬自達來說，根本是完全不合身的生產方式。最理想的生產方式，就是無論B級距的Demio到C級距的Axela甚至C／D級距的Atenza等，任何車款都能藉由統一垂直整合設計方式，具有調整空間的製造設備與技術能在同一生產線生產。

如果可以這樣做，藤原就能從福特流汽車生產方式的痛苦回憶中解脫，甚至馬自達獨家設計多車款在同一生產線製造的混流生產技術重新復活，可以得到一舉兩得的效果。

生產部門以往都是以第三者的角度，冷眼旁觀生產輕鬆引擎與輕鬆動力系統的研發，「那種東西怎麼可能有辦法裝到引擎室？」現在當然也不再置身事外，開始與研發團隊合作共同解決遇到的難題，這也都是自然水到渠成的結果。

藉由午餐會報，開發設計與生產製造部門的人能同桌共談，「怎麼做都放不進去？」「不管怎麼調整零件都會影響而撞到。」「那樣的設計無法展現性能。」等問題，也一個接一個的解決。在這個態度的背後，以往大家都清楚知道問題的存在，只是受限於產品化的時機，製造時間點與生產設備更新等而無法伸展，唯有現在才能一口氣突破達成自我實現的目標。

金井用兩個詞來形容馬自達打算突破的目標。

將馬自達風格的垂直整合命名為「基礎架構」（common architecture），馬自達獨家的混流生產發展模式稱為「彈性生產」（flexible production）。兩者統一的企畫執行前提就是兩者並非個別獨立存在，而是相互依存。因此，唯有如此才是「全面的革新」。

這個理念也帶入「永續 Zoom-Zoom 宣言」之內。

事實上，常務執行董事人見光夫在擔任動力系統先行開發部長時，就已經有高壓縮比引擎的想法，就是「基礎架構」的代表作，同時也是倡議者之一。

高壓縮比的關鍵，在於透徹研究內燃機引擎，而燃燒原理與引擎排氣量大小無關，因為只要摸透燃燒的方法與特性，就能將高壓縮比引擎實用化與產品化，只要把成功模式的機構與構造依照需求放大或縮小就可以。這也就是燃燒的標準化。也才是人見所追求的夢想完美引擎。

以往，引擎的校正作業都是針對二公升引擎，採用A款機達到最佳燃燒方式，一．五公升引擎則採用B款機達到最佳燃燒模式，針對個別引擎設計出獨自的最佳設計，也因為需耗費大量的人力與時間，引擎開發工作經常造成極大負擔。人見的引擎則剛好相反，完全不需要個別檢討不同引擎的燃燒狀況。因為燃燒結構設計已經是最佳化，只需根據不同大小調整引擎本體的物理大小即可。開發時間也大幅縮短。就好像在蠻荒叢林中開路的道理一樣，第一次開路時不但耗時又得投入大筆資金，一旦建立一條通道，後人就能輕鬆通過。然而至今開發引擎的模式，新款引擎設計無法利用前人已經拓展出的道路，只得重複辛苦的開闢出一條條專屬道路。

以輕鬆引擎舉例，原始設計為排氣量為五〇〇毫升的單汽缸引擎來研發，未來只要連結四汽缸就成二公升引擎，將這個四汽缸各設定為三二〇毫升時就成了一．三公升引擎。因為已經完成通用的最佳燃燒校正作業，新引擎開發時只要配合產品特性並滿足個別引擎的需求性能設定好就設計完成，剩下只要依據周邊設計大小不同做適當調整，開發工作就完成了。充分了解熱效率所開發出的高壓縮比引擎，也實踐了馬自達引擎的燃燒共通化。

如果引擎也可以運用相同思考模式來設計，生產就可以跟設計下訂單。以往福特生產模式吃盡苦頭的經驗中，從現在開始希望能以同一條產線就能分別製造各種不同大小的引擎。二公升引擎與一．三公升引擎的產品可以同時上線生產。如此一來，生產變得非常簡單，當然也可以大幅降低製造成本。如此一來，不需要特別準備不同引擎專用的工作機具，不論引擎大小，只要準備一般研磨與組裝作業的泛用機具就可以了。

設計工程師也對這個沒有異議。馬自達在一九九〇年代前半就已經確立，能以同一條生產線進行不同車體大小組裝的混流生產方式，雙方共同檢討產線標準化所需要搭配的引擎設計條件。最大的重點就是在生產線上移動時需要設計固定的位置，以及進行研磨與組裝等加工時，定位於工具機的位置必須標準化。以往引擎生產線因為這兩個定位點隨不同型號而改變，因此需要專用工作機具配合。現在終於有機會可以排除設備限制，全部從新設計來改善以往這種效率極差的生產方式。

舉例來說，相當引擎骨架的汽缸本體（Cylinder Block，包覆汽缸類似外壁的零件，中間有冷卻水流通），只要把各引擎的基本構造作成雷同外型，讓工作機能在兩個夾具位置固定汽缸本體就能同時進行加工與組裝。換句話說，無論生產何款引擎，工具機都是夾住固定的定位點。這兩個固定點的相對關係，如果從汽缸本體上方看去，汽缸本體輪廓如果是個「口」字，位置就在左下與右下的角落。就算引擎本體大小變化，研磨與組裝的本體尺寸也完全不影響。唯一需要變動的只剩以最新數位技術處理就一點都不困難。生產線上工具機之間的移動搬運作業也運用同樣概念，雙方討論後設計相同的位置。無論是四汽缸一・三公升或是二公升引擎，都能使用同一條生產線來生產。即使個別訂單生產量突然變動，只要零組件供應無虞就能彈性對應。

遵循基本原則的車輛研發

汽車的基本架構，從引擎的驅動裝置開始，到裝載懸吊裝置的底盤，也就是平台也跟輕鬆引擎一樣，在追求世界第一汽車的過程中一直持續朝馬自達獨特風格的垂直整合標準化開發。

如果人見對輕鬆引擎的開發態度簡直就只是「照本宣科」般的做法，那麼車輛開發本部長的富田知弘則是以「基本原則」來徹底實現。

與引擎一樣，決定車體基本車架構造，以類似形狀而規畫出大小不一的產品。車架的撞擊安全特性因為是相似外型，一旦確定就不需要各車款從頭開始繁複的驗證作業。因此無論是在設計輕量化或者是降低成本等，效果都是相當明顯的。

開發工程師對車身的想法是這樣子的。

要製造堅固的車身，結構體的最佳設計就是直線設計。

車架是將複數構件結合組成。若是各零件強度不一，就很可能從弱處產生破綻，因此，最佳設計就是結合強度相同的構件，讓它們能夠連續承重的設計才是最佳對策。

車身的基本設計原則有三種，包括一直線的「直線化」、連續承重的「連續化」，以及多數構件共同分擔載重的「多撞擊傳導路徑」（multipass）。相較於使用單一構件負責載重，由多個構件平均分攤載重才是更好的辦法。

以上述原則來決定設計的控制變數。而決定製作汽車大小的獨立變數就是汽車前後懸（overhang，按：汽車的最前端點或最後端點與前軸或後軸中心線的距離，分別稱前懸或後懸），以及前後軸距（wheelbase，按：前輪軸與後輪軸中心點對中心點的距離，稱為軸距）。

如果可以根據這樣的原則，設計一個接近馬自達理想的車身，那麼車體的強度與精度，衝撞安全性能等就跟引擎一樣，即使不同車款也不需要從零開始研發。以衝撞安全性能為例，以往大家認為正面衝撞會造成車體受限，引擎與驅動裝置的空間呈現彎曲設計也是沒辦法的事，但是，馬自達徹底顛覆前述的觀點，為了徹底執行車身直線化，不惜調整驅動裝置。會因此促成完成這件事，就是因為有午餐會報的存在所賜。

比照引擎相同原理，只要將車架設計成類似形狀，那生產線設備就能使用泛用機種又可提升效率。

也就是利用最終版的車架規畫出多種主力車款，甚至衍生出ＳＵＶ車種。從開發投資、設備投資、製造成本到新車開發時程等多方面同步全部革新，也為馬自達營運帶來良好的循環。

在這些開發設計與生產製造兩者緊密合作的共同作業所達成多項種成果中，最具代表性的作品應該就完成高壓縮比最重要的主角四－二－一排氣。

正如前面所說，這種四－二－一的排氣比起從引擎排氣口就整合為一的排氣管相對體積增大，很難放入小排氣量的引擎室，當然零件的高度也會造成其他問題。

「如果設計成這樣，乘客要怎麼坐？」

「小車的駕駛座空間有限，這樣也是沒辦法的事。」

「笨蛋，那不是應該優先考量的嗎？每一種車都要設計出理想的駕駛座位，這才是馬自達啊！」

一直以來，不只是馬自達而已，在汽車業界常見的新車開發時，如果大家認為不可能，一件事情大概就會無疾而終。但是這一次則不同，這次要打破所有的限制，全部重新設計。為了要完成理想，即使硬幹，甚至在引擎室與車用空間間的隔間牆上打個大洞，也得要把四－二－一排氣設計擠進引擎室，如此一來，恐怕只能由車體設計再下功夫了。當然，開發部門也正想辦法如何設計出最不占空間的排氣管。

除了大型車 Atenza，就連最迷你車款全長只有四公尺的 Demio，馬自達也要將排氣管收納進引擎室，並且確保最佳的駕駛座位，就是方向盤與駕駛座的中線一致，當駕駛一坐上駕駛座，右腳自然伸直的位置就是油門。一直以來小車因為引擎室朝駕駛位置突出，或前輪鼓起造成駕駛足部空間狹隘，雙腳無法伸展。即使是現在，市面上仍有不少這種設計的小型車存在。

為了貫徹理想，馬自達的生存方式就是垂直整合，不能以不同車款當藉口。因此，即使這麼小台的雙座敞篷車 Roadster 也搭配四－二－一排氣設計，為了設計出最理想的駕駛座位，絞盡腦汁嘗試各種辦法。最後，駕駛只需在駕駛座上，雙手伸直就是方向盤，只要腳一伸直就能踩到油門。開車時完全不需扭轉身體，像開跑車般的不自然的姿勢。相較於前三代的 Roadster 車體更迷你，但駕駛座位絕對比以往更加舒適。

「汽缸本體的厚度做三點五公釐設計，誰決定的呢？」

「從以前就都是叫我們設計成三點五公釐。」

「叫你這樣做就照著做嗎？德國車都只有設計二點二公釐，不可能做不到。」

「變速箱殼成型厚度極限是二點五公釐，如果再薄，恐怕會造成強度不足，所以才設計成三點五公釐。」

「有沒有動腦筋想一想啊？用二點五公釐成形後，強度不足的部位再用肋條加強不就好了？」

「煞車踏板的寬度受限於鄰近的油門踏板，無法再加寬，這樣無法到達規定數值。」

「現在踏板寬幅已經極限了嗎？全寬值是多少？有效的踏板面積呢？好好查一下。」

「調查過了，腳底踩不到的寬幅約有三公釐，已經修改模具了。這樣子就符合規定標準了。」

這應該不只是午餐會報的功勞，但就是這樣持續累積改善中，對於該達成的目標，或該克服的問題都能明確了解，並共同協作解決才能往前邁進。以往在開發設計，製造生產不同單位之間微妙關係的人們，跨越了雙方意識形態的圍籬，開誠布公的互相討論並協力完成。一直以來採取被動姿態，考量自身方便來要求設計單位修改圖面，生產製造單位的想法也開始產生巨大轉變，一改以往被動姿態，反而是對設計端不斷提出各種想法的主動出擊方式。設計方開始要求生產端提供詳載生產製造規格要求的圖面。

生產線精準度超越設計標準

還有一件充分展現生產製造端的攻勢，就是負責製造生產的技術本部的動力系統部長青田巖，有一段時間專注於研究決定油耗特性的要素。

二〇一五年馬自達全車系的平均油耗將提升達三〇%以上的燃油效率目標，具體的數字包括：引擎的燃效從一五%提升至二〇%，變速箱的燃效從五%提高至六%；此外，為了達到車款輕量化，車輛必須減重一〇〇公斤，加上降低各種阻抗，燃效從五%提高至六%；合計達到三〇%的目標，所以不單單是引擎本身，而是汽車每個部位都必須重新設計。以往，只要產品符合設計圖的公差範圍內，剩下的性能表現落差就不算是技術本部的責任了。生產團隊發現即使製造過程中符合公差允許範圍內的車子，實際油耗表現仍出現相當大的差異，為了達到整體油耗改善，而想深入了解箇中道理。

但是青田不只針對開發中的輕鬆引擎，甚至將當時市面販售搭載舊引擎的 Demio 實際測量後發現，油耗個別差異最大竟然可達十%以上。意思就是一般消費者行駛一般道路，肯定與國土交通省（相當於台灣交通部）所公布的油耗數字有相當大的差距。但是，即便專業駕駛者以同樣條件，駕駛相同路線，也可能會出現上下十%的差距。這樣不是很對不起購買馬自達車款的顧客嗎？

青田基於這樣的想法開始探究原因。將數字差異較大的引擎仔細測量分析後發現，第一個造成這樣的原因就是曲軸（crankshaft）將活塞的往復式運動轉換為旋轉運動，並將能量送達變速箱的軸迴轉阻抗過大所致。為何軸承的旋轉阻抗會變大呢？最大關聯就是與曲軸連結變速箱的旋轉阻抗。假設將所有造成旋轉阻抗的影響訂為一〇〇%的話，變速箱的影響就超過八〇%以上。因此也向變速箱供應商要求提供相關數據，但依據數據資料討論如何改善時，對方竟斷然拒絕進行雙方檢討作業。

這樣一來，就沒機會提升整體汽車性能了。以往的馬自達如果取得數據只是為自己使用，是不會對供應商提出更進一步的要求。但這一次可不能這麼簡單就解決，也不打算輕易放棄。

既然原定計畫就整台汽車重新開發，唯一的解決辦法就是自己來研發變速箱，簡單地說，就是自行開發符合自身需求旋轉阻抗數據的變速箱，大家都知道這並非是件簡單的工作。

第二個原因就是活塞。

為了讓活塞與汽缸壁摩擦而上下往復運動。能更流暢，活塞與汽缸壁之間的間隙有固定標準值。目前全球各車廠一般公認的標準公差為四十微米（μm，一微米等於萬分之一公分）。這是活塞進行往復運動時，與垂直線稍微傾斜可容許的數字，實際量測就可發現，的確活塞往復運動轉變成迴轉運動曲軸的迴轉方向，換句話說，活塞傾斜朝引擎的方向時，公差即使四十微米也沒有任何問題。不過，若是引擎的垂直向，也就是活塞朝曲軸的軸方向偏離的話，即使只有稍微傾斜十五微米，就會產生非常大的阻抗。

原因就是連結活塞與曲軸的連桿（connecting rod）兩端，迴轉方向與前後方向形成直角，阻礙活塞與曲軸動作。所以現在馬自達已經將連桿長度較長單邊公差值設為二微米以內，這個數字只有過去容許公差值的二十分之一，是非常高的組裝精度。要求精度達這種水準，累積這些努力，才能成就引擎的高壓縮比與高信賴度。對使用者才能呈現高品質的產品。

蒐集裝配引擎相關數據的目的，不只是為了能製造出符合設計要求的產品，也是希望讓引擎發揮本身既有性能，甚至提升更佳表現。以這個思維來出發，自己的使命就不只是依照設計圖面製造生產，甚至期待如何透過生產製造過程來提升汽車的性能再進化。所以，技術本部的態度也開始產生變化。

F1賽車引擎等級的品質管理

以全新視野來追求自我的使命感，他們陸續對所生產引擎的性能進行整體量測分析作業。不只是為了製作前所未有的高壓縮比引擎，更要進一步提升引擎性能，消除品質參差部齊以提高產品可靠度，當然還有提升生產效率，甚至找出開發與設計如何再改良改善的可能等，開始執行引擎的數據管理。

菖蒲田說，一開始是為了做好源頭追溯管理（traceability，製造履歷的紀錄與追蹤）。而發展到最後，自然而然對產品研發也有很大的幫助。

光是一台引擎就可累積上萬筆資料。例如以某個特定品質特性為基礎，不同製程，不同工具，甚至不同溫度條件下以不同速度生產，詳細到生產管理者等所有資料，都可以成為分類線索。只要能把握運用這些相互關聯的龐大數據，就可以輕易研究出它們的因果關係。透過這個大數據管理，就可以達到後述的實際效用。

馬自達為求徹底管理高壓縮比引擎的性能與品質，在組裝流程最後一關，設置引擎性能檢查設備專用的工作台。在生產線上安裝這種研發專用設備，恐怕是汽車業界絕無僅有的例子吧。對馬自達而言這也是創社以來首度嘗試，在生產最後階段，當場檢測剛組裝好的引擎的輸出特性與油耗特性，對照所累積的數據資料庫，檢測若符合正常分布範圍就判定為合格。發現引擎性能雖在公差範圍內，但檢測數據落在正常分布之外，就必須拆解這個引擎。甚至生產線停工，立刻找出造成產品數據無法合格的原因，或檢查是否生產過程發生什麼狀況？絲毫沒有以往那種「反正只要能製造符合設計規定的容許範圍內，維持穩定持續生產，這也是製造的功夫了。」

青田表示：

「如果不這麼做的話，馬自達完全沒有勝算。唯有如此，才能成為卓越，所以，要時時保有這種工作態度與做法。」

菖蒲田說：

「必須具能將數據資料統整，分析並加以活用的能力。馬自達的生產製造部不只懂得生產車子，也已經脫胎換骨具備開發的能力了。」

藤原自信地說：

「這樣的數據管理與製造品管，簡直是媲美F1賽車等級啊。」

為了讓全車零組件重新設計，品質管理也得付出最大努力才行。藤原身為動力系統開發本部的負責人，也堅持貫徹這樣的態度。高壓縮比引擎除了比傳統引擎精密度要求更高之外，因為使用的情況不同，比舊式引擎更需要細緻的管理。例如，隨著壓縮比提高，連活塞上方附著燃燒後的碳渣都可能引發微妙變化，而提升壓縮比例。微量燃燒炭渣竟然就影響實際燃燒的狀況。所以高壓縮比引擎在實際使用環境下，很可能發生實際壓縮比高於原設計的狀況。

即使成功做出壓縮比為十四的引擎，公司內部測試沒有問題，這可不是簡單的說句「請安心購買」，就可以銷售出去。假設馬自達研發實力極限可達壓縮比十四的話，光光是活塞附著燃燒後的碳渣，就無法保證引擎內能否繼續正常燃燒。為此，藤原將Axela二十台搭載壓縮比十五或十六以上的二公升引擎出口到美國，實際行駛數萬公里並取得數據。利用反覆實測讓引擎出現破綻（失敗），就算沒失敗也故意造成失常，藤原比喻就像調查掉落懸崖的臨界邊緣狀況，再努力研究找出避免瀕臨臨界點的方法。聽說藤原自入社以來，董事或上司只要一有機會就交代藤原「要好好徹底執行品質驗證」。

透過實走實驗所蒐集到各式的數據，檢討問題點與任務的解決對策來達到品質盡善盡美。

藤原決定二〇一一年六月推出首輛搭載輕鬆引擎產品，就是將現行車款一．三公升的Demio，設定燃油效率為每公升跑三〇公里為目標。

「什麼？首發產品不是二公升引擎嗎？現在重新開發一點三公升引擎要花很長的時間。」

「既然已經是通用設計，燃燒特性跟排氣量無關，以二公升引擎的基礎來開發一點三公升引擎，那不是易如反掌嗎？」

垂直整合設計的引擎共用燃燒特性標準化的威力，在此時就發揮出來了。才短短一年多的時間，成功研發搭載高達十四壓縮比引擎，排氣量一．三公升的新車，成功在小型乘用車市場創下先例。

在日益重視環保性能的市場中，為了維持馬自達的存在感，必須要盡快推出油耗性能優異的車款才行。受限於當時 Demio 仍是舊款車體設計，引擎室空間根本無法塞入馬自達四—二—一排氣，對這群誓言要開發出「每公升汽油行駛三十公里」的開發團隊是一個使命必達目標。

完成獨創技術 SKYACTIV

二〇一〇年一月，人在德國的藤原駕駛馬自達搭載輕鬆引擎，且整車全新設計的原型車在德國高速公路進行試乘。這台注入金井夢想的試作車，外表看來與現在的Atenza無異，不過車體所有零件都是百分百全新設計。在這個嚴寒的冬天，在高速公路上藤原用力踩下油門，車速瞬間增至時速一五〇公里，甚至達二〇〇公里，瞬間自己也心情飛揚，奔馳在快車道上後照鏡映照出後方有輛高性能的奧迪汽車身影，眼看著愈來愈大。禮讓速度較快的車輛先行是德國高速公路的一般禮儀。從奧迪汽車接近的狀況，Atenza照理應切換到右方的車道，眼看著奧迪車愈來愈接近，藤原卻完全沒有打算伸手去撥動方向燈的橫桿，反而是凝視前方更用力地踩下油門。後照鏡上奧迪的車影也跟著愈來愈小。試作車內的藤原大喊「成功啦！成功啦！」完全跟設計一樣。這已經不再是以前的Atenza了，也不是以前的馬自達車。

整套試乘一結束，藤原連下車都慌慌張張的，急忙撥電話給遠在廣島的人見。

「人見兄，趕快來德國吧，你一定要來試乘看看，簡直是太棒了。」

這一次，藤原再也不用垂頭喪氣地總社走廊來回踱步了。

全新動能技術相關的所有產品線已經規畫到二〇一五年。馬自達決定以山內孝社長在二〇〇八年春季發表會上所提，「創造市場」宣言的CX-5當成全新動能系列的首發車款，這是大家在午餐會議熱烈討論而誕生各種創意想法，才能成功完成製造革新。

從藤原在德國高速公路試乘成功時的車內狂喜的九個月後，二〇一〇年十月二十日，對馬自達具有特殊意義，這天，馬自達正式對外發表全車系，搭載全新的引擎、變速機、車體、車台等，形同全部零件導入重生的新技術。發表的成果並非馬自達新車款，而是馬自達研發出一系列的嶄新技術，命名為「SKYACTIV 全新動能科技」的次世代技術。其中 S K Y 正代表技術開發的未來性，宛若浩瀚藍天般是無限寬廣的。二〇〇七年發表的 Zoom-Zoom 宣言目標則是承諾兩年之後的二〇一二年，將完成搭配全新動能技術的馬自達全車系新世代車款問世。這一刻，馬自達正式展現金井所言，打造世界第一車款夢想的自信。

對馬自達的自信開始有印象的就是發表會一開頭山內社長的發言。對於新開發的高壓縮比引擎，以「我百分之百相信這絕對是世界第一的引擎」這句話。平穩的語氣中，卻讓人充分感受搭載一〇〇%「SKYACTIV 全新動能科技」創新技術的新產品氣勢。成為頭號先鋒推出的就是先前在二〇〇九年五月宣示以最佳油耗每公升行駛三〇公里為目標的 Demio 車款。山內宣稱預計隔年二〇一一年上半年問世，以不加裝輔助電氣馬達的純汽油引擎車款，每公升油耗效能達三〇公里的優異秀能，強調 Demio 車款能足以與油電混合車充分對抗交鋒的競爭力。

「馬自達自創立以來就不斷挑戰創新技術。這次馬自達全體動員脫胎換骨的創新行動，絕對是馬自達創立九十年歷史中前所未見。」

從二〇〇七年的 Zoom-Zoom 宣言，二〇〇八年春季開發與生產兩部門的共同合作開發全新動能技術，同年九月即使遭逢金融海嘯影響，堅守既定的研發路線，直到二〇一〇年試作車實走實驗等二〇一二年才真正完成馬自達自信滿滿的 SKYACTIV 全新動能科技。台上十分鐘，台下十年功，累積多年才能成就 SKYACTIV 全新動能科技與這一次的發表會。

第六章

打造全新馬自達的品牌之路

「總算完成使命了，也該是辭職的時機了。」

二〇一一年三月初，山內孝社長在二〇一〇年度會計年度末，心中暗自盤算著。

五個月前，二〇一〇年一〇月所發表的次世代 SKYACTIV 全新動能科技，無論海內外市場都得到極大迴響。山內就強烈感受這種回應，也對產品未來發展也深具信心。

自此馬自達業績順利成長，也讓山內更有自信，馬上就要提報二〇一〇年度預估財報預測，想必應該不差。營業額年增率六%達二兆三〇〇〇億日圓、獲利增幅一六四%達二五〇億日圓，稅後淨利也從去年虧損六五億日圓翻轉為獲利六〇億日圓。順利的話，四月下旬財務決算報告時，應該是可以說明馬自達穩定營運狀況。相較於二〇〇八年一一月，金融海嘯爆發馬上接掌社長職務後，這一位為了在艱困航行中穩住公司的方向而每天昏頭轉向，自己也盡最大努力，終於達成身為社長的責任，現在把工作告一段落，應該也能得到眾人理解吧。

二〇〇八年第三季接任社長，正是金融海嘯爆發當時，當年十到十二月短短三個月的季報數字簡直就是慘不忍睹。營業虧損二四二億日圓，相較前一季財報獲利三二四億日圓，遽減五六六億日圓。第四季虧損持續擴大，累計虧損達六四九億日圓。代表手頭現金的現金流量達負一二九二億日圓。年度財報顯示，銀行貸款自二〇〇七年度二八一一億日圓暴增至二〇〇八年度五三二六億日圓，超過二〇〇〇年福特主導經營重建時的銀行貸款金額（四八四六億日圓），可以說危機四伏。

堅持到底的反攻

面對如此艱困經營環境，為了打造世界第一的汽車，究竟該押寶繼續開發次世代技術？或者應該也試試看能否有其他出路？大家的質疑與開發團隊最後的決定也在前面章節詳述過了。先前也提過集合所有專務董事以上的重要幹部，一一拆解現行車款並彙整眾人智慧詳細研究分析，花費近半年時間檢討如何降低成本。

面臨公司如此重大危機仍奮力不懈的背景下，山內以身為社長負責經營領導的立場，為了貫徹二〇〇七年三月發表的中期經營計畫與永續Zoom-Zoom宣言，解決眼前資金不足的問題，決定二〇〇九年一〇月公開募資九三三億日圓。另一方面，運用二〇〇五年以來投入的彈性生產制並期待發揮最佳效益，搭配財務緊縮政策，縮減二〇〇九年設備投資金額，較前一年度八一八億日圓減少約三〇%，計二九八億日圓。尤其對引擎與變速箱的設備投資更控制在十年前投資水準的四分之一左右。

如第五章所述，馬自達對匯率相當敏感。由於日圓持續升值，國際交易計價美元相對貶值，收益降低也造成業績負面影響。即使如此，馬自達每每遇到日圓升值、美元貶值之際，就陷入經營困境，卻不考慮轉移海外生產據點才能真正強化對匯差的敏感度。因為堅持在發源地廣島與山口生產約九〇萬台是馬自達對在地的承諾。為了信守對地方的承諾，山內決定改善國內工廠的體質，透過強化匯率變動承受度，期待成為即使稼動率八〇%時也能獲利的製造廠。為達成這個目標，馬自達最強有力的武器就是產品垂直整合，以及馬自達獨特的彈性混線生產方式。

執行這些措施的同時，二〇一〇年四月發表中長期計畫時宣誓將維持既定研發方針，採取主動出擊的「反攻」態勢。

二〇一〇年十月宣告預定於二〇一二年發表的新世代核心技術，這個名為「SKYACTIV全新動能科技」，將是馬自達採取攻勢的最強武器。

如果判斷正確，到二〇一〇年結束，馬自達應該就能脫離金融海嘯陰影的影響，開啟下一個向上躍進的階段。山內或許也曾這麼想：「馬自達下一次躍進的掌舵者，應該不會是我」。

事實上，山內在二〇〇九年二月四日，於東京都內首次以社長身分在馬自達業績說明會時，就曾於公開表示「階段任務完成時，我就會辭職」。所以，山內辭職的念頭是長期就一直等待適當時機來臨，並非突然神來一筆的想法。

二〇〇八年秋季至今，經過兩年半的歲月，馬自達終於安然度過金融海嘯引發的種種波濤。到二〇一一年四月下旬二〇一〇年度財務報告結束，應該就可以卸下肩上的重任。剩下不到兩個月的時間，山內正打算向經營團隊表達辭任的心意，結束這個掌舵的角色，也慢慢看清未來的道路。

沒想到發生日本三一一大地震，地震發生後的三月十四日到二十一日，廣島總公司工廠與山口防府工廠停工八天。地震發生後第十一天的三月二十二日，雖然利用在庫半成品重啟部分生產作業，但全國汽車製造廠都面臨因上游零件廠停工，造成重要零件供給斷貨的困境，預估恢復正常運作將需要相當時間，事態嚴重的程度已經不是稼動率只要維持八〇%即可獲利的問題了。從地震發生的三月十一日到當月底共二十天期間，馬自達因停工而無法生產的車輛數高達四萬六〇〇〇台。

二〇一一年三月底結算的財報數字，當然與年初公告預估差距甚大。營業額二兆三二五七億日圓，雖達成二兆三〇〇〇億日圓的預估，但原本預估營業獲利二五〇億日圓，卻只達成二三八億日圓。更大的問題是原本預估淨利六〇億日圓的獲利數字竟然反轉變成六〇〇億日圓的鉅額虧損。

當時馬自達以十億、二十億日圓為單位每天不斷燒錢，在這種情況下當然無法開口提出辭去社長職務，眼前最重要優先處理的工作就是與經營團隊，想辦法火速幫馬自達這間血流不止企業止血。

為了廣島，任何困境都得克服

人算不如天算，山內孝原本祕密規畫的退休計畫告吹。如果照原定計畫，今年股東大會時就可以順利卸下社長重任，沒想到卻面臨彷彿金融海嘯時，甚至還更狂烈的暴風雨，不得不握緊船舵繼續堅持下去。應該沒有經營者會希望三番兩次面臨這種困苦環境吧。如果以個人名義辭職，還是可以卸下社長職務。但以馬自達的立場來思考，能夠坐穩社長位置繼續帶領馬自達前進的人選，除了山內以外恐怕別無其他選擇。

當時專務董事執行董事，現任副社長丸本明，回憶至二〇一一年止四年間總計虧損二五〇〇億日圓，現金淨流出達一七〇〇億日圓。情況已經是岌岌可危。

小飼雅道社長說：

「當時已經跟幾位董事約定好，絕不要再經歷二〇〇一年二月實施優退計畫的痛苦。所以即使面臨金融海嘯，甚至三一一大地震時也都沒裁員，從今以後也絕對沒有這個選項。」

自二〇〇一年以來，即使瀕臨生死關頭，馬自達經營團隊所提出改善對策中絕對沒有裁員這一項。常務執行董事藤原清志也說，在福特主政經營的二〇〇一年二月，新社長馬克・菲爾德斯（Mark Fields）依中期經營計畫所實施的優退計畫，造成超過二二〇〇人在當年三月離開馬自達。藤原回想，當時如果上司慰留時沒有說：「身為主查的你一旦辭職，那 Demio 車款該怎麼辦？」大概就瀟灑地離職了。後來發現 Demio 團隊主要成員八人竟有四人離職。這個計畫實施時，資深員工都說：

「讓這些大有可為的人留下，我們離開就好。」

藤原聽到資深員工還說：「馬自達的未來就交給你們大家了。」與其說這些留下來的人很幸運，還不如說是繼續待在馬自達的人其實也不好過（按：因為有重重難題有待解決），可以說危機四伏。正因為不願再次體驗這種痛苦，不再裁員也成為馬自達經營團隊間的默契。

如果因為不能承受眼前的危機而裁員，那麼，這一切就失去意義了。藤原的理由是：

「馬自達陷入存亡關鍵也不是一、兩次了。但是每次都能得到周圍貴人相助。除了非常感恩之外，更不能辜負這些人的期待。」

藤原舉了一個接受別人雪中送炭的例子。

一九七三年十月，石油危機爆發，俗話說「禍不單行」，隔年的一九七四年一月，美國國家環境保護局（EPA，Environmental Protection Agency）批判馬自達獨創技術的轉子引擎，油耗超過一般引擎五〇%。在石油危機時受到這樣的指控影響非同小可，導致搭載轉子引擎車款滯銷，馬自達全球成品庫存量急增至二〇萬輛，相當於當年單季產量，資金調度當然跟著陷入困境。

當時，正是住友銀行（現在為三井住友銀行）與廣島在地的產業界，對四面楚歌的馬自達伸出援手。

汽車製造產業鏈相當龐大，牽動相關產業非常廣。以汽車製造商為最頂層的話，有多層次的分工結構，由不同產業匯集而成的完整產業鏈。所以，車廠的起伏牽連著眾多相關產業，影響範圍既深又廣。當時馬自達主要往來的住友銀行頭取（總裁）磯田一郎明確表示：

「東洋工業（當時馬自達的舊社名）千萬不能倒，東洋萬一倒了，恐怕整個廣島經濟也完蛋了。」

馬自達為了持續進行改革經營體制，一九七九年由福特集團入股二五％，開啟馬自達經營再造之路。

另一方面，廣島在地產業界也開始動了起來。由廣島商工議會所擔任信號旗手，以支援眾多產業為主旨組成鄉土產業振興會，其中一項活動就是創立鄉心會組織，以鄉心會開始推動「購買馬自達運動」。從一九七五年展開廣泛活動之後，不僅推銷大眾購買馬自達車，每販售出一台馬自達車，帶動的區域經濟效應達車輛售價二・六倍，對區域經濟貢獻密不可分。馬自達也不為「經營合理化」而採取裁員政策，反而是派遣大部分員工到全國銷售據點支援銷售活動。聽說馬自達的工會也協力推動這個派遣政策。

一九七五年實行「購買馬自達運動」時，廣島東洋鯉魚隊（譯按：廣島市的廣島城別稱為鯉城。因球隊成立之初，廣島歷經原子彈轟炸，為了鼓勵廣島地區重新站起來，以「鯉躍龍門」的意象為球隊命名）也獲得一九四九年創隊以來最大榮譽，贏得首次聯盟優勝，冥冥中似乎自有安排。這一年，鯉魚隊聘用喬・魯茲（Joe Lutz）擔任監督（總教練），成為日本職棒首次聘請外籍監督的球隊。巧合的是，一九九六年，來自福特的亨利．華勒斯（Henry Wallace）擔任馬自達社長，成為第一家由外籍人士出任社長的純日資企業，竟也不謀而合。

說句題外話，現今廣島東洋鯉魚隊的紅色球隊代表色，就是喬．魯茲（Joe Lutz）所決定的，象徵鯉魚隊的紅色帽盔（按：一九七三年紅色成為球隊代表色，赤盔也就是代表紅色帽盔），也是搭載SKYACTIV全新動能科技車款誕生時，馬自達獨具匠心開發的魂動紅車色。

言歸正傳。

藤原回想起「購買馬自達運動」的時期：

「當時承蒙許多在地企業、住友銀行以及通產省諸多的幫忙。他們一定也是認為為了廣島的經濟一定務必撐下去的想法吧。」

這個「購買馬自達運動」在三十四年後，再次幫助馬自達。那就是二〇〇九年因金融海嘯導致馬自達業績直線滑落。

這次是廣島縣政府動了起來。二〇〇八年度期初，廣島縣公務車採購預算為二七〇〇萬日圓，上修提高近十倍預算，採購金額增加到二億六千萬日圓。目的就是購買馬自達總部工廠生產的 Demio 車款。當時廣島縣政府公務車約七六〇台，預計二〇〇八年度結束前（即二〇〇九年三月三十一日之前）超過四分之一（約二〇〇輛）將替換 Demio。也因為廣島縣政府的運作，縣級以下單位的市與町也才能編列預算購買馬自達車。

廣島市公務車一二〇輛、吳市二〇輛再加上其他採購數量，合計採購一九三台。以馬自達總產量來看，或許是微不足道的數字。但對馬自達來說，宛若雪中送炭。當時馬自達完全沒考慮實施二〇〇一年所採取的裁員政策，甚至廣島縣政府某官員回憶起二〇〇一年當時說出：「確實在金融海嘯時，完全沒有耳聞馬自達有這方面的想法。我們也不認為馬自達有做出裁員的可能。」

這次的馬自達車購入運動，並不是單純再一次發起前次購買馬自達車的活動而已。現在更發展成為帶動廣島的全體產業與活化經濟為目的，呼籲在地縣民愛用廣島產品的運動。這個名為「購買廣島運動」即便現在也仍在廣島全區持續推動中。

廣島地方政府單獨對馬自達這家企業如此照顧支持，當時卻沒有引發反彈爭議，是因為廣島在地的特殊背景。

一九四五年八月六日，美軍在廣島市投下原子彈。

馬自達的工廠跟現在一樣，位於距爆炸中心地東南東方，僅約五公里的距離的向洋（Mukainada），當爆炸瞬間的強烈風暴破壞廣島市內所有建物時，廣島市內高約七十公尺的比治山剛好成為爆炸地區與工廠之間的天然屏障，保護了馬自達。因此馬自達廠內建築物僅輕微損壞，廠內的機械設備也得以保存下來。話雖如此，因為廣島市內所有醫院都遭破換損毀，馬自達附屬醫院成為距離爆炸中心最近的醫院，原爆後馬自達立即全面停止生產作業，同時也全面開放公司廠房，成為救濟受害者的前線基地，提供傷者與無家可歸民眾生活支援。

但廣島市整個區域已經成為原爆沙漠，許多大型建物幾乎破壞殆盡，廣島縣政府也被迫遷至馬自達工廠內辦公。除此之外，馬自達也陸續接受法院、廣播電台、報社等移入，換句話說，在戰後的某段期間，馬自達工廠簡直就是廣島行政重鎮，之所以會有這樣的轉變也不覺得意外。從那時起，在廣島人的心目中，馬自達已經不只是汽車生產廠，馬自達與廣島之間，已經不是經濟觀點可以解釋的關係，而是相互依賴的存在。

小飼說：

「對地方有所貢獻的觀點來看，創造在地就業機會是最基本的。馬自達也一直在思考除了這個之外，我們還能再貢獻什麼？」

最重要的就是心心相連。因此，只要一有機會，馬自達都會出席廣島「鄉心會」組織所推廣的懇親會，希望能傳達對廣島區域由衷的感謝心意。

廣島的馬自達

「絕對不能造他人困擾，對於給予我機會的貴人們，我一定銘記在心、此生不忘。」

這是一九六〇年代成功研發轉子引擎重要功臣的四十七位工程師（被稱為「轉子四十七士」）成員之一的高田和夫，在二〇一〇年以八十六歲高齡，回憶當年時所說的話。雖然是站在被裁員者的角度，即便立場不同但是感謝的心意跟小飼與藤原所說的是不謀而合的。

二戰結束後，可以說是馬自達一九二〇年創業以來最艱困時期，無計可施之下，馬自達只好著手裁員，員工數由九九六九人削減只剩七八六人。換句話說，每十個員工只能留下一位。由於無法繼續製造戰爭期間的工作機械與武器（小型槍枝），重新開業後馬自達便嘗試製造民生必需品。重新研究二戰前已著手開發的三輪貨車，期望再創事業高峰。當時正是高田被招募進入馬自達的一九四六年八月。畢業於離廣島不遠的江田島海軍學校的高田，應該不可能不知道馬自達大幅裁員九二％的消息。但是能跟自己哥哥同樣進入馬自達服務，高田除了抱著感恩的心情，也揮汗投入馬自達產品的開發。

曾經歷原爆的廣島在戰敗後，馬自達為事業重建所做人力削減高達九〇％，一九七四年石油危機時，全力投入體制改革。二〇〇〇年起，有長達七年的時間在福特集團旗下，歷經包括裁員等痛苦的經營重建，以及二〇〇八年金融海嘯的不景氣中驚險脫身等，唯有歷經過困難的風風雨雨，才鍛鍊出馬自達這般耐力。

二〇一一年三月，因日本三一一大地震國內工廠被迫停工，當時對外宣布預估需要半年時間才能恢復正常生產，很快地在地震兩個月後，五月生產量已恢復到二〇一〇年九〇%的水準，到六月時則幾乎恢復地震前的正常生產狀態，因此馬自達才明確表示二〇一五年預估全球銷售一七〇萬台、營業利益一七〇〇億日圓、每輛汽車獲利達十萬日圓的目標數字都不會調整。自二〇〇五年來不斷追求的夢想就近在眼前，即將在二〇一二年初發表首部搭載全新動能技術的車款CX-5，也代表追求世界第一的目標已經在眼前了。無論如何一定得堅持到成功為止。借用常務執行董事人見光夫的話來形容這段時期，對馬自達而言，如同賽馬的第四彎道轉彎之後，準備進入最後衝刺的關鍵時刻。

三一一大地震三個月後，六月十七日山內召開預估營收說明會，聲明馬自達中期經營計畫的原則，將依循馬自達既定的路線前進不會改變。縱使經營再艱難，絕對不會考慮曾造成巨大痛苦的裁員計畫。無論有沒有發生三一一大地震，仍照原定計畫在二〇一二年，推出全新SKYACTIV動能科技為核心的全新馬自達車，市場方針繼續維持完全沒有動搖。

藤原身為技術開發負責人，深切感受經營團隊對馬自達獨家全新動能技術的殷切期待，同時，這段生死存亡關鍵時期不斷向馬自達伸出援手的在地機構，也對馬自達寄予厚望，藤原也經常思考該如何回報，未來馬自達與這些大力支持馬自達的在地企業該以怎樣的關係繼續生存呢。其實大地震發生前約五個月時，藤原心中早就已經有了盤算。

二〇一〇年六月，藤原前往義大利參加愛快羅密歐（Alfa Romeo）創立百年紀念活動，從六月二十四日開始為期四天盛大的慶祝活動中，最讓人印象深刻的就是自二十四至二十六日兩天的時間，愛快羅密歐車主聚集並舉行類似汽車拉力賽（Rally）的盛大遊行。愛快羅密歐發源地的米蘭，距離市中心西北方約十幾公里外的新車樣品展示會場，聚集從世界各地前來參與慶祝活動的愛快羅密歐車竟達三〇〇〇輛。為數眾多且新舊款混雜的愛快羅密歐粉絲在米蘭市內著名景點的斯福爾札城堡（Castello Sforzesco）齊聚一堂，從新車樣品會場到米蘭市區之間的路上隨處可見擠滿了愛快羅密歐車。

藤原看到眼前畫面受到極大震撼才體會，唯獨藉由讓車迷與車輛能夠共聚一堂的機會，愛快羅密歐才不會閉門造車，也能與創業發源地的米蘭當地人共同歡慶品牌百年的誕辰。馬自達在一九二〇年創設，即將在二〇二〇年迎接創立百年，如果屆時馬自達無法得到周圍眾人對創設百年的祝福與慶祝，就沒有太大意義。當時甚至想乾脆利用創業百年的機會，就像藤原所說對「一直以來承蒙照顧」的廣島地區做一些回饋。一路走來經歷過無數次的困境總能得到在地廣島人的各種支持，一定要藉機好好表達感謝之意。

這個想法，剛好在二〇〇一年東京車展（TMS，Tokyo Motor Show，按：全球知名的重要車展之一，每兩年舉辦一次世界最頂級的汽車工藝、科技、設計、環保及未來發展趨勢的汽車展）中，提出以馬自達 Zoom-Zoom 精神的品牌策略中獲得靈感。

Zoom-Zoom 的原點與進化

藤原並非以企畫或行銷立場，只是單純研發角度對愛快羅密歐慶典特別有感是有原因的。Zoom-Zoom 品牌印象誕生至今快十年，先不提市場接受度，就連公司內部也一直無法融入這個概念，所以才對自己帶領的 CFT6 團隊提出有關馬自達品牌的問題。

二〇〇一年秋季，馬自達首次發表 Zoom-Zoom 宣言，二〇〇七年春季中期計畫提升計畫再次提出永續 Zoom-Zoom 宣言。即使公司內大家常講 Zoom-Zoom 一詞，卻明顯就能感受到大家並未充分理解含義。即使研發輕鬆引擎的工程師理解 Zoom-Zoom 理念，但大家是否共同朝向一致的目標邁進呢？對每公升行駛三〇公里的油耗表現始終抱持質疑態度者還是大有人在。如果連現場研發工程師都沒辦法說服自己，認同自家品牌的定義與理念，進而設計出馬自達應該具備的態勢。那麼，再怎麼努力要開發世界第一車款，也絕對沒辦法說服市場並帶給消費者信心。會不會是一直沒有將設計開發理念整理得井然有序？就是因為沒有歸納設計理念，因此無法成功研發出輕鬆引擎，當然就沒法製造出世界第一的汽車。

這個問題是由 CFT 成員中的十七人所提出，當正準備開始投入研發輕鬆引擎之際，就遭遇金融海嘯。眼前的景氣低迷的狀況，縱使知道自己的工作是技術開發，環繞公司的景氣與環境其實跟自己的工作並無直接關係，但心情總是無法穩定。

就連眾所公認的馬自達招牌車款「Roadster（MX-5）雙座敞篷車」（雙人座、強調操控快感及駕駛樂趣的敞篷車。）的研發計畫，也蒙上金融海嘯的陰影。二〇〇九年四月三日新車款主查山本修弘被告知開發計畫延期（其實就是停止開發的意思），山本回憶：

「現在回想，真的是很珍貴的考驗，這件事讓我重新思考，到底真正的雙座敞篷車該是什麼模樣呢？如果沒有經歷過這過程，應該也無法徹底完成小型輕量化吧！」

結果這個命令才過了僅僅一周就撤回，因為這不過是馬自達經營團隊表現強烈危機感罷了。這一股危機意識也感染了研發團隊。因此CFT的成員也以研發工程師的立場，開始討論馬自達品牌，因為與自身業務並無直接關聯，這次完全出於主動。大家約好每月兩次沒上班的休假日，聚在一起從早到晚整整討論八個小時，這個討論一直到二〇一一年春天為止，持續長達兩年時間。

成員之中也包括一九八八年進入馬自達，當時擔任企畫開發推進本部主查的梅下隆一（現為客戶服務本部長）。二〇〇一年馬自達實施優退計畫時，梅下也曾經一度跟藤原一樣想要離職。只是藤原受到上司慰留打消辭意，梅下則是因為看到Zoom-Zoom的形象廣告才改變心意。梅下回想當時，自己還說：「如果沒看到那影片，應該真的辭了吧」，當時真正感受到形象廣告驚人的效益。

這裡要稍微說明梅下所看到的 Zoom-Zoom 廣告內容。前面介紹過馬自達在二〇〇一年秋季的東京汽車展，正式採用 Zoom-Zoom 為宣傳標語。但實施優退計畫是二〇〇一年二月，為何梅下會在汽車展前八個多月就看過這段影片呢。這個影片實際是二〇〇〇年十月由北美馬自達（MNAO，Mazda North American Operations）推出新改款的四輪驅動車 Tribute，以 Zoom-Zoom 做為宣傳標語，搭配形象影片展開廣告宣傳活動。影片一播出就大受歡迎，Tribute 車的市場知名度也在短短三個月內由三・三%攀升至五・六%。因此，北美馬自達建議廣島行銷團隊將 Zoom-Zoom 當成全體馬自達的宣傳口號。

Zoom-Zoom 就是傳達孩童們搭車時的快樂心情，馬自達這個宣傳標語所定義的基本概念如下：

「透過創造與革新，讓仍喜愛孩童時期對動感的憧憬的人們，提供讓人心動的駕馭體驗」。

一直以來，這就是馬自達製作車輛的初衷，現在馬自達內部日常生活裡大家習慣使用「Zoom-Zoom 車」的表現。

是看到了這部 Zoom-Zoom 影片中孩童歡樂的笑臉，梅下對馬自達製造汽車的理念再次產生共鳴。

不論是否受到梅下親身感受影響，這十七人決定為馬自達創業百年，製作全新的形象廣告，對未來的馬自達品牌重新定義，讓馬自達共同目標與想法能浸透到公司的每一個角落，全公司上下一心共同的目標就是馬自達未來夢想的車輛，這是勢在必行的。

他們對自己部門開始進行馬自達「應該具備的形象」的問卷調查，進而選出大家共同認為最重要的元素。也開始討論馬自達到底應該具備哪些形象，甚至連製造一輛好車的目的為何等基本議題。為了馬自達品牌再生，也是為了提供愛用者更好的生活。這段探索馬自達品牌過程中，他們也發現在二〇〇〇年當時沒注意到的歷史，發現了馬自達投入汽車製造業的濫觴，就是一九三一年推出ＤＡ型三輪貨車，以及十年後再次展現技術能力所製作的ＧＡ型，也創造三輪貨車另一事業高峰，對二戰後廣島當地的復興提供相當貢獻，那是一段馬自達燃燒時代的熱情。

自二〇〇〇年以來，眾人一直認為Roadster（MX-5）雙座敞篷車就是馬自達獨家特殊技術的代表作，同時也是馬自達品牌象徵。但梅下打算藉此扭轉大家對馬自達品牌理念的印象，希望在馬自達品牌定位中能把息息相關的使用者與廣島地方緊密連結，將兩者灌輸到品牌理念中。換句話說，正因為有這兩股支持力量，才能有馬自達的存在。透過這樣的理念也能灌注到建造品牌的重要因素中。重視與使用者之間該如何連結，或者與地方區域該如何互動，重新檢討架構出新的品牌理念。

為了讓公司內每位成員都能理解並認同這個品牌理念，大家討論如何導入這個中心思想並落實到實際行動。唯有在公司內部成功導入這理念，才能真正在輕鬆引擎與輕鬆動力系統的世代技術內灌注馬自達品牌理念，並製作出世界第一的車款。

唯有內燃機才是馬自達的王牌

二〇〇七年春天開始舉行的午餐會報，不但開發與生產製造之間的鴻溝逐漸彌平。因金融海嘯產生的危機感也促成馬自達製造革新的動作加速。即使在金融海嘯的波濤洶湧之中，大家仍堅持金井所提「唯有內燃機才是馬自達王牌」的方針。完全沒有一絲走回頭路的想法。靠著堅定意志，同心協力克服沿途不斷噴出的難題，代表馬自達次世代技術輕鬆引擎的開發過程也比當初預計進行的更順利。

馬自達除了汽油引擎之外，也生產柴油引擎。二〇〇六年金井提出夢想宣言開始，輕鬆引擎的開發重心就一直以汽油引擎為主。大家也同意柴油引擎研發比汽油引擎晚一年也無妨。並不是因為研究汽油引擎燃燒的工作比較簡單輕鬆，而是已知研發過程必定困難重重，工程師單研發汽油引擎，為解決眼前種種難題就分身乏術，遑論還有時間去思考柴油引擎的問題了。這也是不得不做得犧牲，俗話說得好「同時追兩隻兔子，終將一無所獲」。

再加上福特入主馬自達經營長達七年時間，福特本來就對柴油引擎開發就不感興趣，而未受重視的柴油引擎團隊，不但感到很沒面子，簡直就像是苟延殘喘的存在一般。因此，研發構想初期並未規畫汽柴油引擎同時進行，所以原定搭載新世代技術的首發款，最早開發計畫只有汽油引擎車，待汽油引擎問世一年後再加入柴油引擎車。

由於汽油版輕鬆引擎的開發進展順利，柴油引擎的開發時程比較明朗，是在二〇〇九年春天，高層認為開發柴油版輕鬆引擎不但可以提升馬自達車的獨特創意，也讓馬自達品牌比以往更加出眾等重要意義，而決定提前柴油版輕鬆引擎的開發，預計二〇一二年新世代技術首發車CX-5問世時，將同步推出汽油引擎版與柴油引擎版車款。事後證明這個決定獲得空前成功。較原訂計畫提前一年投入開發的新世代柴油引擎，不但大大提高馬自達品牌的口碑，也果真如山內社長在CX-5發表會上所說達到「創造市場」的效果。有關這部分的一些趣聞，將在本章後半部再詳述。

在藤原本部長與人見副部長指揮下，動力傳動系開發本部汽油版引擎開發作業進展相當順利，為提升整體部門開發品質與效率，積極地進行組織改組。尤其從二〇〇八年春季以來，加速部門內各小組的整合與統一作業。

在此之前，動力傳動系開發本部內除了人見帶領的技術開發部，另外還有引擎設計部、引擎實驗部、動力傳動控制系統部與駕駛傳動開發部等並行存在。技術開發部主要負責前瞻領先技術開發，其他四個部門則負責有關即將量產與現行量產品的研發作業。但是，專責研究前瞻領導技術的技術開發部之下也設立汽油引擎組、柴油引擎組、動力系統組、控制組等，與量產技術部門重疊，造成每個部門其實重複進行相同的研發作業。因此，馬自達決定改變組織結構來改善研發效率。

方法就是先把技術開發部的四組工程師整合後，分為領先技術開發組與生產技術開發組兩大功能。領先技術開發組負責原本技術開發部前瞻技術研發的工作，而原本隸屬技術開發部之下的四組成員（汽油引擎組、柴油引擎組、動力系統組、控制組），全部納入領先生產技術開發組，這才真正成為具有發展性的動力傳動開發本部。如此大幅度改組，也將引擎與變速機相關的駕駛傳動研發，以及機構類的控制技術研發作業歸納到各自領域，才能慢慢改善開發效率。

這次組織變動不是紙上談兵而已，為了發揮更大效益，以務實方法讓不同領域的工程師之間資訊相互交流。以實驗部為例，實驗部的組織橫跨三個領域，任務就是評估依據新技術所設計試作品或試作車的實際動作，包括新開發技術是否落實到設計圖，並完成打樣試作車，以及評估試作車實際操作表現。

具體而言，試作車是否根據最初設計圖規畫所製作，再交給包括操控性能，噪音振動以及穩定性等三個不同領域工程師個別評估，找出問題點與需改進之處。三個不同領域的工程師將依據結果與其他團隊討論。將這個「三方協議」結論再由實研部提出報告給負責設計圖的研發工程師。這樣不但效率太差，也會遺漏資訊。如果開發最重要要任務就提升試作車極致性能，最重要應該就是必須能夠找到解決難題解決的三元聯立方程式。藉由組織改組變革，創造一個能夠解答三元聯立方程式的開發環境，讓總部內工程師的智慧與經驗能充分交流，才能提高開發效率。

也因如此，自認「如同賽馬，已經過了第四個彎道」的人見光夫，成為名符其實掌握動力傳動開發本部的統帥。因此，以打造世界一流汽車的共同目標，大家不再是從屬關係的任務分擔，漸漸轉變成重視團隊任務緊密結合的開發體制編組。

這種團隊合作的研發體制編組，與決定提前柴油引擎開發計畫在二〇〇八年做了最完美搭配。

汽油引擎與柴油引擎雖然同是內燃機，因為引擎構造差異，尤其是引擎的燃燒方式不同，所以開發的構想與做法截然不同。當時擔任動力傳動開發本部技術開發部部長，工藤秀俊（現任宣傳部本部長）形容，這就好像每一位開發工程師的手藝技巧風格不同。

汽油引擎透過活塞壓縮吸入汽缸內的燃油與混合空氣，利用火星塞的火花點火引爆產生動力。柴油引擎則是使用輕油燃料，送入汽缸內的空氣經活塞壓縮升溫時，噴出霧化燃油引起爆炸燃燒，所以柴油引擎不需要利用火星塞的火花點火，而是利用輕油微粒子本身自燃而爆炸，利用這個爆發能量當成柴油引擎的動力。

從引擎外觀分辨汽油引擎或柴油引擎最快的方法，就是檢查有沒有火星塞。而柴油的燃點比汽油低。據說柴油燃點為二二五度，而汽油燃點為三〇〇度。所以柴油所需點火溫度比汽油低。氣體經壓縮後氣體本身溫度就會增加，活塞壓縮的氣體溫度達二二五度以上，在適當的時間點噴出霧化燃油，就會引發本書第四章介紹過的自燃現象而引起爆炸。

因為燃燒方式不同，與引擎構造不同，才會有開發工程師手藝風格各有不同的說法。

除了設計構想上展現不同的風格，研發工程師之間個人知識也會有程度差異。

所以，決定提前開發柴油引擎時，就必須讓柴油引擎與汽油雙方的開發工程師合作無間，融為一體。以金井派來形容的話，要追求完美引擎、完美燃燒、完美功能的目標是不分汽柴油引擎的。從現在起，全力加速柴油引擎研發讓 CX-5 能以兩種引擎的車款同時問市，這個決定對馬自達未來具有相當重要的意義。

開發討人厭的柴油引擎

柴油引擎是討人厭的東西。

除了發出噪音、震動又大，還會排出黑煙般的廢氣。東京都知事石原慎太郎在一九九九年一一月三〇日的例行記者會上，知事右手舉起一個容量五〇〇毫升的寶特瓶說：「在東京都內一天就會產出十二萬支這樣的寶特瓶。」而瓶中所裝的就是柴油車排出的黑色微粒。這次記者會引起大眾的關心，認為要廢止柴油引擎車與堅持應該改善柴油車排氣的雙方爭議不休，其實對柴油車而言，這次記者會也具備某種跨時代的意義。

幸好在日本國內，大家對柴油車的印象不佳，日本幾乎可以說是個柴油車零市占的市場。反觀當時歐洲地區所出售的汽車，柴油車比例已超過五〇％。主要原因之一，就是與汽油引擎相比毫無疑問柴油引擎的二氧化碳排放非常的低。

因此，若以全球環保觀點來看，提升車用柴油引擎的性會是最有效的環保手段。加上馬自達柴油車在歐洲每年銷量實績可達二十萬輛，以商業觀點來看，只要能推出性能優越的柴油車，應該能成為馬自達的強項。

此外，柴油引擎車有一種汽油引擎車無法比擬的駕馭感。相同的排氣量，柴油引擎低速起步時的力道強勁，絕對是汽油車望塵莫及。對追求駕馭喜悅 Zoom-Zoom 的馬自達而言，怎麼能割捨這樣的魅力。如果能把柴油引擎讓人詬病的汙染廢氣，透過潔淨技術提高環保效能，就可以完成永續 Zoom-Zoom 宣言的訴求，開發出兼顧環保性能與駕馭樂趣的汽車。

柴油引擎不受歡迎的最大原因，就是排出廢氣中的氮氧化物，與當年石原都知事在記者會所展示寶特瓶內的顆粒狀物質細懸浮微粒（按：空氣中存在許多汙染物，其中漂浮在空氣中類似灰塵的粒狀物稱為懸浮微粒〔PM，particulate matter〕，PM粒徑大小有別，小於或等於二・五微米〔μm〕的粒子，就稱為「PM二・五」，通稱細懸浮微粒，單位以「每立方公尺微克」〔μg/m³〕表示。全球對於汽車廢氣排放規定每年更趨嚴格，日本國內的後新長期規範預定在半年後，即二〇〇九年十月生效之日，也已近在眼前。日本國土交通省聲稱將以全世界最高標準的嚴格規範，要求柴油引擎車每公里排放的氮氧化物必須低於〇・八公克，細懸浮微粒低於〇・〇〇五公克，基本上必須達到與汽油引擎車相同水準。現今的柴油車，為符合世界各國廢氣排放標準，都採用加裝排氣淨化用後處理裝置。最具代表的就是選擇型觸媒還原系統（SCR，Selective Catalytic Reduction，按：利用氨氣或是尿素水與氮氧化物進行化學反應，使有毒的氮氧化物變成無毒的氮氣和水氣），以及淨化懸浮微粒的柴油微碳粒濾清器（DPF，Diesel Particulate Filter）等。歐洲進口的柴油車當然也都加裝了這些配備。

馬自達研發新型柴油引擎，開發工程師一開始最原始的想法，就是如何把用後處理設備一起設計到引擎內部。如果打算在二〇一二年初販售，實際研發所剩時間恐怕還不到一年半。即使有一年半的開發時間，仍然是相當吃緊的時程。

就在宣布柴油引擎開發計畫提前進行當下，藤原曾經宣言：

「絕對不安裝氮氧化物後處理裝置。如果還要加裝個後處理裝置，那就完全失去馬自達開發這柴油引擎的意義了。」

世界一流的引擎才是馬自達眼中的目標，其他車廠都安裝氮氧化物用後處理裝置，無一例外。以往馬自達的柴油車也是如此。或許就是把加裝後處理裝置當作開發前提，當然無法凸顯不同。選擇加裝後處理裝置這種輕鬆容易的方法，就會增加汽車重量而明顯影響行車性能。若是直接使用馬自達舊型的後處理裝置，額外增加重量達三〇公斤以上。成本也同步上升，售價勢必就要往上提高。而且，也可能為了維護性能而維修零件，增加車主的負擔。

馬自達的車輛售價希望能盡可能符合多數客戶的預算。買車不看價格的客層並非我們主要目標。能將馬自達最先進技術能呈現給最多的使用者，不正是我們大家的期望，也是我們的使命嗎？對一間年產量僅一二〇萬台左右的小型汽車生產廠，唯有如此才是我們的生存之道。所以一定要取消氮氧化物後處理裝置。一定可以做到的，即便沒有清除微粒物質的柴油微碳粒濾清器（DPF），只要能研究出最佳燃燒方法降低懸浮微粒產生，一定可以設計出比以往更省成本的裝置。藤原強硬姿態的宣示，正表示不允許開發過程中的任何妥協與藉口。

如果能開發出具 Zoom-Zoom 駕馭性能，又不需要加裝後處理裝置的柴油引擎，那肯定就是世界一流的引擎了。二〇〇九年春天開發工程師決定把研發目標集中於此。

低壓縮比是柴油引擎的研發祕訣

柴油引擎因壓縮比較汽油引擎高，所以熱效率表現佳，油耗表現也更出色。一般汽油引擎壓縮比在十至十一之間，柴油引擎可達十六到十八左右，這是汽油引擎無法達到的境界。所以柴油引擎向來最大銷售亮點就是省油。

柴油引擎因為不需要火星塞，燃燒構造也比汽油引擎簡單，當柴油引擎壓縮汽缸內空氣時，噴出霧化燃油就會引發自燃，且較高的壓縮比又有助於增加汽車馬力。

柴油引擎的缺點就是排出廢氣，也正是惹人厭的主因。如果沒有妥善設計排氣處理裝置，排出廢氣所含氮氧化物與懸浮微粒增加就會造成地球環境負擔。

產生氮氧化物與懸浮微粒的原因大致是這樣的。

為了讓燃油所含化學轉變成極大化的動能，長久以來，一直研究如何提高柴油引擎壓縮比的技術。壓縮比愈高更能轉換燃油本身的能量，才能發揮燃油本身機能與性能，確實是有理論根據，但同時也是造成氮氧化物與懸浮粒子產生的原因。

在適當的時間點朝受壓縮氣體噴出霧狀燃油，柴油分子在空氣中擴散後，與高溫空氣混合後的柴油分子因達燃點而開始自燃。問題在於此時柴油與空氣混合比例，與空氣混合過程中，柴油比汽油更容易產生濃度不均的情形，就容易造成汽缸內的輕油分子與氧分子分布不均勻，造成自燃時柴油濃度較高的部位，因供應燃燒所需的氧分子不足而燃燒不完全，形成懸浮微粒。由於柴油特性，當壓縮比提高，汽缸內氣體溫度愈高，就會產生氮氧化物。當壓縮比愈高，霧狀噴出燃油的燃燒速度愈快，更容易造成混合氣中分布不均的機會，燃油濃度較高的部位容易產生懸浮粒子，而溫度高的位置則容易產生氮氧化物。

為了減少產出氮氧化物與懸浮微粒，就得改善空氣與柴油混合均勻度，讓氧氣均勻遍布汽缸內各角落（防止懸浮粒子對策），加長燃燒時間使燃油能慢慢燃燒（防止氮氧化物對策）即可。

開發團隊的方法就是把壓縮比降低，延長空氣與柴油混合時間就能改善均勻度，還可以讓燃油分子在汽缸內充分擴散，有利延後燃燒時間。以往壓縮比都維持在十八、十七、十六附近，其實以前曾經有工程師嘗試降低壓縮比，只是降到十六以下，不但沒改善排氣清淨度，反而最重要的動力性能變差，完全無法達到使用標準。換句話說，低壓縮比竟然跟提升排氣淨化與汽車動力性能背道而馳。也因為苦無對策，生產柴油引擎車的廠商，只能考量動力性能優先，維持壓縮比十八左右，至於氮氧化物與懸浮粒子的問題，一般就是以加裝後處理裝置，縱使導致成本與車體重量都大幅增加，這仍是現今的主流解決方案。

如果不加裝氮氧化物後處理裝置，那該怎麼解決排氣淨化的問題呢？馬自達的工程師如何找到突破點？

就像鐘擺震盪一樣，用逆向思考的方式來嘗試，就發現人見光夫的獨到看法可以行得通。與汽油引擎研究高壓縮比的實驗逆向而行，將柴油引擎壓縮比從十六逐漸降到十，以這種不合常理的壓縮比來驗證並取得數據。

到底能不能找出要降低多少壓縮比，才能讓空氣與燃油能充分混合且分布均勻，又能避免汽車性能變差呢？馬自達研究提升汽油引擎壓縮比的研發過程中，發現了如何讓混合氣均勻分布的竅門，以及延長混合氣體燃燒的想法正好幫上了大忙。融合汽油與柴油的經驗與知識，以最先進的電腦輔助工程（CAE，Computer Aided Engineering）協助。為了避免引起誤會，在此附帶說明，這裡並不是直接把研發成功的汽油引擎壓縮比照抄而來。而是測出結果剛好得到相同的數值，所以決定汽油引擎壓縮比由十「增至」十四，而柴油引擎壓縮比則由十八「降至」十四。

活塞擠壓汽缸內部的空氣，當活塞在混合氣體壓縮到最小體積時的位置稱為上死點。反之，當活塞下降到汽缸內部容積最大的位置則稱為下死點。

同樣以上死點附近朝壓縮的空氣噴出霧狀燃油混合情形，比較壓縮比十八與十四兩者狀況發現，後者不但均勻度大大提升，也有利燃燒效率，氮氧化物與懸浮微粒也變少，運作非常順暢。這邊容我非常簡略地說明空氣與柴油混合的比例，就好像月台上的乘客要擠進已經客滿的電車，內部乘客（空氣）密度愈高，從月台要上車的乘客（柴油）就無法擠進電車內部，容易全部聚集在車門附近，大概就是這樣的狀況。最佳理想狀況當然就是希望月台上的乘客與車內乘客能夠均勻分布在車廂內。

當壓縮比為十八，以霧狀噴出的燃油無法抵達整個汽缸內，造成噴射孔周圍濃度最高。其他部位濃度變薄，如果這時候輕油自燃，濃度較高位置因氧氣不足無法完全燃燒而產生懸浮微粒，而氧氣過量的部分則因高溫燃燒產生氮氧化物。無論從熱效率或是排氣性能來說都不是樂見的現象。當這情況愈明顯就會造成燃燒效率過低。一直以來壓縮比為十八的柴油引擎為了避免這個情形，等活塞稍微下降後的位置才噴出，而不設在上死點位置，多刻意稍微延遲噴出燃油時間點。換句話說，尋找性能強化或是最高燃燒效率兩者之間的平衡點來決定燃油噴射的時機。

相反地，當壓縮比降至十四，在上死點周圍噴出燃油時，柴油分子與空氣混合不均勻的情況減少。霧狀噴出燃油時引起自燃時，因周圍氧氣供應充足，有助抑制懸浮微粒產生。氣體溫度也隨壓縮比減少而降溫，這點也有助減少產生氮氧化物。而且當活塞位在上死點位置噴出燃油，就可以在上死點位置附近自燃引起爆炸，這一點也是比高壓縮比能輸出更多馬力的主要原因。

當壓縮比為十八，因為點火時間過了上死點之後才點火，燃燒時間很快就結束。正好違背理想燃燒需要盡量延長燃燒時間的條件。當壓縮比為十四，剛好形成上述的有利環境，可以在上死點位置噴出燃油。只要簡單判斷就能知道，在上死點位置噴出，或是過了上死點位置之後再噴出，當然是前者能提供較長的燃燒時間。為了讓柴油燃料能與氧氣充分結合燃燒，柴油引擎在每次燃燒時會分批噴出柴油，以馬自達的柴油引擎來說，配合汽車行駛中引擎負荷狀況，最多能分九次噴射燃油。燃燒時間愈長才愈可能增加噴油次數，所以與壓縮比為十八相比，這一點也是壓縮比為十四勝出。

降低壓縮比依然夠力

一直以來，壓縮比設定為十八，就是為了確保汽車優異的馬力輸出，這一點前面已經解釋過了。馬自達開發團隊發現即使壓縮比降到十四，也能確保足夠的馬力性能。

壓縮比為十八，是過了上死點位置才點火和燃燒，汽缸內容積相較上死點位置時更大。引擎壓縮比的算法，是以活塞位於下死點時汽缸內容積（設為A），與位於上死點時汽缸內容積（設為B）相除得到的數字。所以壓縮比為十八，就是指A除以B等於十八。活塞擠壓混合氣的行程時有些確實是符合這樣的數據。

但以往的柴油引擎，開始點火，燃燒時汽缸內容積比B大，相除的值就會低於十八。與壓縮比不同，如果把實際點火燃燒時汽缸內容積作為分母，位於下死點時汽缸內容積當作分子，所得到的數字稱為膨脹比。實際引擎做工取得動能的指標並非混合氣容積壓縮程度的壓縮比，而是必須參考燃料化學能轉換成爆發能指標的膨脹比。簡言之，柴油引擎並非依據壓縮比高低而做工，反而數值較低的膨脹比才是實際展現效能的指標。

針對此點，壓縮比十四的輕鬆引擎是在上死點位置點火燃燒，因為B值不變，壓縮比其實就等於膨脹比，無論從壓縮比或從膨脹比看來做工效率都相同。因此，馬自達工程師在開發柴油引擎上，體認到要強化柴油車性能，並非著眼於提升壓縮比，反倒應該重視的是膨脹比，如何提高膨脹比才是勝負的關鍵。跟汽油引擎開發相同，柴油引擎的開發也徹底顛覆了以往的開發觀念。

當壓縮比降為十四，汽缸內的燃燒壓力也減弱，這一點為柴油引擎帶來二大好處。

首先，活塞與汽缸等引擎零組件之間所產生的機械阻抗變小。構成零組件承受的壓力愈低，因抗壓而產生的相對壓力也會減少。壓縮比十四時，機械阻抗降低至與汽油引擎相同。光靠這一點就能改善燃油消耗四至五%。

第二點，承受混合氣燃燒爆炸的汽缸體（外壁）強度可以調降。當壓縮比為十八，汽缸體的材質為了確保能夠承受燃燒的高溫與高壓，不得不選用鑄鐵材質，相對也增加重量。但當壓縮比調降到十四，因為耐受強度需求降低，鋁製汽缸體的強度就足夠應付。不止是汽缸本體，就連活塞，迴轉活塞上下運動的曲軸也一樣適用。以開發二．二公升的引擎為例，光是汽缸本體就比舊車款減重達二十五公斤，活塞也達二五％的輕量化。曲軸中心軸也由六〇公釐縮小為五二公釐，達成二五％輕量化。引擎重量大幅減輕，成本也能下降，另外因安裝在車體前端的引擎重量變輕，汽車整體操控性表現更佳。

活塞與曲軸這些活動零組件重量變輕，所以也能迅速達到高迴轉數。長期以來柴油引擎高速行駛時操控不佳的缺點，也得到大幅改善。

柴油引擎如能採用鋁製汽缸本體，就可以設計與汽油引擎類似的外形，可幫助提升生產效率。這也充分展現出汽油引擎開發工程師與柴油引擎開發工程師合作無間的效果。實際上馬自達的柴油引擎的確跟汽油引擎的外型十分相似。

如此，壓縮比十四柴油引擎的研發，不但解決了以往柴油排氣不可避免的氮氧化物問題，懸浮粒子大幅減少，不但不用加裝氮氧化物後處理裝置而造成額外成本。絕佳的油耗表現，也充分滿足馬自達所追求的 Zoom-Zoom 駕馭性能。

不過，還有棘手難題尚未解決。

柴油引擎弱點在啟動性，就是引擎冷卻狀態時不容易發動。因為柴油引擎並無汽油引擎的火星塞能配合活塞運動時間點火，只能依賴自燃來進行迴轉運動，當燃油溫度未達燃點之前，無法自燃引擎就不能順利運轉。以往都是在汽缸內部加裝預熱塞（Glow Plug）補強，幫忙把內部升溫到燃點。只要一發車引擎就能開始連續迴轉，但壓縮比為十四時，短時間內空氣溫度無法抵達燃點，使用預熱塞也不能保證引擎啟動後不會馬上又熄火。這是因為抵達燃點之前，即使只是引擎開始運轉之間極短瞬間非常短的時間，部分燃油因未點燃而造成半失火現象，以汽車商品化觀點來看，這是一定要解決的問題。

馬自達工程師們想到的對策，就是利用汽油引擎的四—二—一排氣的氣流。這是深入研究引擎的運作與排氣管關聯後發現，汽油引擎在燃燒結束後，汽缸內部混合氣殘留愈少愈好。而這個原理正好與柴油引擎相反，因為壓縮後的空氣無法立刻升溫，正好利用燃燒結束後排出的高溫廢氣，在進氣的某個時間點打開排氣閥吸入高溫排氣。這樣溫度就能升到跟高壓縮比相同的溫度。

當然將排出廢氣再吸入汽缸內部只是非常短的時間，一旦引擎開始連續運轉，不會出現半失火現象時，就可以停止這個動作。

馬自達成功研發出以往柴油引擎車所無法做到的啟動順暢與運轉安靜等特性，進到車內，只要一按下啟動鍵引擎便開始運轉，立即發動前進也能正常的運作，第一次乘坐馬自達柴油車的乘客，恐怕無法分辨出這是汽油引擎或柴油引擎。即使對汽車十分了解的人，如果事前沒告知是柴油引擎，肯定也辨別不出來其中的差別吧。在市區道路駕駛，就能感受到柴油引擎獨具的超強馬力。上了高速公路後也能跟汽油引擎一樣般的加速。用力踩下油門時，完全不會感覺到引擎沒力氣喘吁吁的感覺，引擎迴轉數馬上就跟汽油引擎一樣飆到五〇〇〇轉。燃油性能表現出色，因柴油本身的特質，就是二氧化碳排出較少。加上氮氧化物與懸浮微粒也降至最低，不必加裝以往舊柴油車必備的選擇型觸媒還原系統（ＳＣＲ）系統等氮氧化物後處理裝置，也省下大筆的維修保養費用，售價當然也跟著降低。

汽油引擎是秀逸之作，柴油引擎讓人渾身起雞皮疙瘩

位於廣島馬自達總部東北方距離約一百公里，開車大約一個半小時到兩個小時車程距離的三次市（Miyoshi），馬自達擁有一個長達約四・三公里的圓形跑道實驗場地。二〇一〇年八月某日，頂著烈日當空的酷暑，馬自達重要幹部聚集在此，因為馬自達以打造世界一流汽車的夢想所嶄新設計完成的首輛試作車，即將進行試駕。投入長達五年時間，為實踐馬自達夢想，集眾人智慧與努力完成的技術成果。這次試乘的表現與性能將左右馬自達到二〇一五年止的命運。

「汽油引擎可以說是秀逸之作，柴油引擎運作時，根本讓我渾身起雞皮疙瘩。」

丸本說出他的感想。應該沒有其他更貼切的形容詞，可以形容這次在三次市舉辦試駕的心得吧。

設計本部長前田育男說：

「比起以往的馬自達車，這次一口氣就晉升了兩三個等級。真是嚇了一大跳！我覺得當時還在設計中的C／D級距產品Atenza，根本沒法追上這種行車表現。」

一九八二年進入馬自達。曾是馬自達二〇〇三年發售，搭載自豪的轉子引擎跑車RX-8的主要設計人，前田設計出四門四人座的創新車款，顛覆以往跑車概念，也成功地創立馬自達品牌象徵廣受全球市場注目，此款跑車推出後，也讓馬自達大有進帳。前田不是那種靜靜地坐在設計室內的研發設計師，每到假日就變身為賽車手參加各種業餘競賽。不知道是否受到試駕的優異駕馭感所激發，前田決定全盤推翻已進行到一半的次世代Atenza車款設計。距離發售預定日只剩下不到兩年時間。通常設計作業都是在進入最後階段時才會決定。明知在這個時間點變更時程絕不可行，前田仍決定與開發團隊以及受設計變更影響最大的生產部門進行討論，沒想到各部門相關成員最後竟也接受前田的提議。唯一的目的，就是要讓深具自信的馬自達代表作也能得到全球的認同，進一步確立馬自達品牌。那麼唯一能做的，就是積極挑戰大家都認為正確的事。

三次市舉辦試駕兩個月後，馬自達在十月份正式發表 SKYACTIV 全新動能科技的跨世代新技術全貌。從零開始全新設計的馬自達車，包括引擎、變速箱、車架、車體等所有零組件重生的宣言中，當初原定一年後才啟動的柴油引擎研發計畫也在最後關頭決定提前，即使在開發時程緊迫的狀況下研發團隊仍如期完成任務。柴油引擎才能與汽油引擎同步問市。

搭載這次剛開發完成二．二公升柴油引擎的車款，就是 SUV 的 CX-5。

二〇一二年二月十六日，在東京都內 CX-5 發表會場同步推出。

「馬自達將以此次推出的新世代商品 CX-5，來創造新的市場，並賭上公司的命運。」

新車發表會上，沒多久之後，從許多銷售數據很快就證實山內所言為真。

在第一章已經介紹，發表會後一個月內就接到約八〇〇〇台數量的訂單。這數字相當於當初國內企畫月銷售量一〇〇〇台的八倍。其中柴油引擎車的數字更是驚人，竟達五八〇〇台，占訂單總量約七三%。

新車款的銷售氣勢並不像其他一般新車曇花一現。一直到二〇一二年底，共計十個月時間，日本國內銷售紀錄達三萬五四〇八台。搭載 SKYACTIV 全新動能科技的全新車款十個月賣出超過三萬五千台的佳績，就是市場對馬自達次世代的搭載 SKYACTIV 全新動能科技給予正面肯定的最佳證據。其中，柴油車銷售量達二萬六八三七台，占 CX-5 銷售總量約八〇%。二〇一一年，日本國內柴油車年度銷售總量也才八八〇一輛，CX-5 柴油車銷量不但遠遠超越這個數字，單一車款在短短十個月內就達成三倍銷售量。

這也歸功於市場對柴油引擎車的日益關注。日本國內柴油引擎車銷售數量在二〇一二年遽增，一口氣突破四萬台，銷售總數為四萬二〇一台。扣除馬自達車的銷售數量也比前年銷售量提高二八%，增加了二四八一輛。接著，日本國內二〇一三年銷售量為七萬五七〇一輛，二〇一四年為七萬九二二二輛，柴油引擎車的銷售也逐步攀升。

CX-5 發表後約一個月，當初拿著裝有懸浮微粒寶特瓶的石原都知事，不知是不是也感受到這股市場趨勢，在二〇一二年三月十六日例行記者會上發言表示：「柴油引擎車的銷售增加，是歷史必然的趨勢」。

馬自達確實創造日本國內的柴油車市場，在 CX-5 發售的二〇一二年馬自達的市占率達七〇%，緊接的二〇一三年與二〇一四年都超過六〇%。換句話說，從二〇一二年起三年內日本國內售出的柴油引擎車中，每五輛就有三輛就是掛著馬自達品牌。

配合後勢看漲的銷售態勢，馬自達也擴充生產體制，二〇一五年四月累計銷量突破一百萬輛。若以發售當時設定的年度銷售台數目標為全球十六萬輛，實際上生產已經超過當初預估數量的兩倍以上了。

馬自達的銷售，簡直就是勢如破竹。

所以，山內所說的「創造市場」並不是吹牛，在汽車市場上創造的成績，是大家有目共睹的事實。

第七章

傳承給年輕世代

「CX-5 確實打了一場勝仗。但是，緊接著預定販售的 Atenza 在推出之前，都讓我提心吊膽。」

身為執行董事的藤原清志（現為常務執行董事），完全沒有鬆懈的一刻。

CX-5 開賣九個月之後，二〇一二年十一月開始導入二〇一五年馬自達新世代產品線中 C／D 級距車款 Atenza。Atenza 是馬自達產品規畫中最高階的重要車款，與 Axela、Demio 三車款形成三足鼎立，成為馬自達產品戰略中重要的核心支柱。因此，搭載搭載 SKYACTIV 全新動能科技重生的馬自達汽車能否真正成功，就得看率先登場的核心車款 Atenza 的市場反應。

「賣不出去的產品，就是垃圾」

藤原的憂慮固然擔心，CX-5 銷售長紅的情況，對當初對內說預估每個月只能賣一百台的國內營業本部來說，根本完全錯估（當時馬自達官方發表月銷售目標是一〇〇〇輛）。原本只買進口車，與馬自達無緣的車主也為了 CX-5 特地前往經銷商賞車。聽說長野縣的某經銷商曾遇到從進口車換為馬自達車的顧客說：「真是太開心了！只要以前購車預算的一半，就可以買到環保柴油車」。開賣日起到三月底短短四十天，國內營業本部就賣出超過四六〇〇台。

在搭載SKYACTIV全新動能科技新世代產品研發的同時，負責銷售的國內營業本部，很早就開始規畫不同於過去的新產品導入銷售模式。其實，早在藤原擔心Atenza正式導入銷售階段之前，全新的馬自達銷售模式就已經調整完畢蓄勢待發了。這些具體運作都要歸功二〇〇八年就任國內營業本部本部長的常務執行董事稻本信秀。一九七七年入社以來，負責物流與品質的工程師，二〇〇五年任職品質本部長。

「負責國內營業本部之後，首先腦中的疑問就是為何不能以正價（按：right pricing，透過合理售價取得消費者對產品價值的認同，進而避免無謂的促銷折扣與殺價）銷售呢？雖然以前就一直被這樣告知，但明知如此為何還是延續舊方式而不去改變呢？」

對每天活在價格競爭的銷售人員來說，這是難以理解的銷售背景。如前所述，早在二〇〇八年在生產現場，以常務執行董事的小飼雅道（現任社長，二〇一三年起接任）帶頭，負責生產、製造、採購的重要幹部們把現行產品一台一台分解，希望能降低成本而做最大的努力。

透過全新的觀念與構思，朝向未來製造革新與次世代技術的研發腳步也不曾停止。為了回報開發和生產部門的辛勤努力，在推出新產品時，營業單位也應該提供符合客戶期待的合理價格，並創造相匹配的銷售環境。稻本認為，銷售模式也應該跟馬自達嶄新的新車款一樣，重新規畫設計才對。有了嶄新的技術，如果銷售模式依舊沿襲以往做法，根本就是粗糙且不可原諒的。當然，這並不是馬自達忘記正價販售的目標。二〇〇一年以後，標榜 Zoom-Zoom 的馬自達為了提升品牌地位，與增加產品收益也推出正價販賣方針。

然而，這是個「知易行難」的任務，不只是馬自達，日本國內的汽車廠或多或少也一直苦於這種商業型態與習慣。尤其每年九月和三月，每逢日本會計年度的期中和期末結算時，汽車製造廠經常提供銷售獎勵金給販賣店，目的就是用來提高銷售量的販賣促進費。另外還有為了吸引大批宗採購及大批採購營業用車的整批購買客戶，大宗銷售（fleet sales，指汽車銷售裡的大宗銷售，像是政府機關公務車或公司公用車大量訂車，有別於私人購車。）提供更具吸引力條件的銷售政策。總而言之，為提高數量而犧牲每輛汽車利潤的思考與銷售模式。如此一來，很難回歸健全的銷售環境。

正當稻本提倡正價銷售，而小飼等人也專研於徹底降低現行車款生產成本之際，金融海嘯衝擊迎面而來，雖然馬自達身陷危機，但在某種意義上來說，正好推動長久以來無法依照想法執行的正價販賣，或許應該說這個危機，也逼得馬自達必須實施正價販售。景氣何時能復原，汽車銷售數字是否會更慘澹，在這種前景不明情況下，別說對營業部門的銷售獎勵金不可行，甚至可能變成飲鴆止渴的自殺行為。以往銷售獎勵金制度對馬自達品牌建構所造成負面影響，也是不爭的事實。

稻本開始積極地進行營業點的意識改革。使用的全部都是大家已經都知道的基本普通常識而已，並沒有魔法般的特殊的手段。包括更密切地與客戶連絡溝通，想想如何才能提升客戶滿意度，怎樣才能提高客戶來店率與業務洽談的頻率等，這些都是業界歷久不衰的基本功。每個人都可以說出大道理。但稻本以身作則，努力讓每個營業據點都能深植這簡單的普通常識，唯有從根本思考開始改變，才能消除長期以來廣島總部內生產與開發部門之間的鴻溝，連結雙方的溝通，對營業端堆動化解組織之間無形高牆的意識改革，改變大家對工作的態度。

以販賣現場來說，加強銷售人員與客服人員間的日常溝通以消除雙方的隔閡。雙方都以得到客戶的笑容為唯一目標，以此為共識基礎，透過日常溝通來消除販賣店與販賣公司總部，販賣公司與國內營業總部間的代溝。甚至，國內營業總部也與生產開發端攜手合作，包括位於廣島總部的企畫，開發以及生產等各部門工作人員，必要時可直接前往販賣店進行共同作業，形成這樣的組織與意識。稻本以國內營業總部的立場取名這個活動為「馬自達營業方式」。名稱本身並無特殊，也是最簡單不過的。馬自達追求開發生產的「製造革新」思想之中，也包括馬自達的販賣革新意義在內。因為實施這樣的營業方式，也帶動經銷商開始推動經營改革。

例如，關東馬自達就大幅調整業務人員的薪資結構。除減半提供個人台數獎金，評估業務員能力不再單看銷售數量，加入客戶觀點或客戶滿意度的評估項目，新制度依據評估能力與實際達成業績給予獎金。換句話說，銷售量再也不是評估業務員的唯一標準。因此大家也開始想辦法以個人魅力或服務來吸引客戶。

總部開發人員也逐漸習慣直接前往販售現場介紹新車款或交流。正是藤原說「負責的新車款問世後，主查會比新車開發階段更忙了。」的原因之一。主查必須奔赴國內外的販售現場，甚至重要幹部都必須前往支援或視察。生產專家菖蒲田清孝就曾協助東京某經銷點，規畫引導客戶下車到店內更效率的動線。這位常務執行董事把規畫工廠生產線作業員工作效率的實作（know-how），也運用在指導經銷店。

不僅如此，設計師也積極來訪經銷店現場。

才發售後短短兩年時間，斷然決定大幅修改 Atenza 設計的設計本部長前田育男率先示範，將設計專業應用到汽車外型，更延伸到展售現場的設計。

前田表示：

「汽車不單單只是一個產品而已，是我們每一位工程師嘔心瀝血的工藝品。

設計應該也要動腦筋，規畫如何協助第一線經銷店對客戶介紹工藝品，沒有規畫到這一點，那麼汽車的設計就不能算完整。」

如何裝飾經銷店的店面呢？「〇〇〇商談會」旗幟飄揚的那種會場氣氛，應該跟「工藝品」完全不搭配吧。這就好比畫家希望作品能陳列於美術館展出。名廚絕對不會用普通碗盤盛裝拿手料理，可以的話甚至希望能用魯山人（日本知名藝術家）創作的藝術器皿來呈現。所以，馬自達推出SKYACTIV全新動能科技之後，由社長開始全公司總動員建構馬自達品牌觀點，前田也積極找建築師與室內設計師共同參與營業據點的改裝或改建工程。二〇一二年十一月Atenza發售時也看到實際成效。

關東馬自達社長西山雷大表示：

「前田不斷再三叮嚀Atenza的店面擺設方式，連車輛展示擺設都還有一堆規定。我對他說你根本不懂展示現場，還反過來給他提供許多建議。」這樣一來一往加上從錯誤中修正，現在店面設計已經能扮演傳達馬自達品牌概念訊息給客戶的工作，目前販賣店的改裝改建也都依據這個標準。當這間受到嚴格要求的經銷店完工時，小飼社長也特別趕赴現場幫忙促銷。設計本部長對這間販賣店的店面設計如此用心，就是希望營業據點也感受並提高馬自達品牌設計感整體化。

其實這些都是教科書上大家耳熟能詳的道理。前田積極態度的背後，其實還有另外一個原因。各大汽車廠在東京、大阪等大都市黃金地段都有展示中心，除了展示推廣自家最新車款之外，還有宣傳品牌的作用。但馬自達在日本國內並無類似的展示中心。所以透過改裝經銷點，讓經銷點也能扮演展示中心的功能。二〇一五年初東京都黑目區的碑文谷店就是第一家馬自達旗艦店。完工後，廣島的主查與設計師經常來訪，直接與馬自達車主面對面進行簡報與交換意見。

小飼表示：

「賣不出去的產品，就什麼都不是了。」

由始作俑者直接來解釋最好，所以當然是研發人員直接到販賣或營業現場說明。

「以後希望販賣跟營業相關人員，也能到開發現場看一看。」

輕鬆引擎與輕鬆動力傳動系統的開發過程，也希望能夠像研發設計與生產製造之間一樣，透過馬自達營業方式，慢慢除去廣島與各銷售公司、銷售點之間的高牆，完成意識改革的拉近雙方距離。完善的銷售環境才能帶動 Atenza 順利銷售吧。

奔馳的馬自達柴油車

「CX-5 銷路長紅固然不錯，實在很擔心 Atenza 推出後的反應。」藤原當初的憂慮，事後都證明是杞人憂天。九個月後的二〇一二年十一月二〇日發表的 Atenza，開賣一個月後接單七三〇〇台，超過預估每月銷售目標七倍以上。其中柴油引擎車達七六％，使柴油車交車期需長達三個月，這與當初 CX-5 開賣時的情況一樣。直到此刻，藤原才真正敢確定全新動能技術獲得市場肯定。高達七六％柴油引擎車訂單，也再次證明當初提前一年啟動柴油引擎開發計畫，讓柴油引擎與汽油引擎能同步問市，確實是先知。

因為搭載 SKYACTIV 全新動能科技的新世代產品大獲市場好評，也加深社長山內孝與藤原對未來發展的信心。銷售現場也跟技術一樣，開始大推改革，為了建構馬自達品牌策略，山內針對正價販賣正式宣示「馬自達 Premium」。事實上，Premium 一詞在一九九〇年代前期，尊貴品牌可以說是造成馬自達營運低迷最大主因，連續數年都避免使用這個字眼。判斷二〇〇五年以來持續推動製造革新以來，並開發出 SKYACTIV 全新動能科技，山內大膽採用 Premium 一詞就是企圖藉由呈現這些努力成果，進一步提升市場對馬自達品牌評價吧。

決定製作馬自達形象宣導短片讓全體社員都能理解馬自達品牌的定義，梅下隆一（現任客戶服務本部長）對超值馬自達 Premium 也說出如下的想法。

「開發與生產端，都以世界第一為共同目標，但討論自家品牌時的氣氛卻截然不同。不論是銷售或客戶服務端，應該都要能具體講出馬自達目標客戶層，及打動客戶的銷售方法。我向經營團隊提出建議，趁著 Atenza 上市發售之際，正是對集團全體同仁表達馬自達訊息的最佳時機。」

姑且不論是否受這一番話影響，山內也召集全體同仁，傳達馬自達 Premium 代表的意義，馬自達所指的 Premium，並非高級、與豪華或高價位。有別於其他車廠，始終重視與客戶之間的關係才是山內社長賦予「馬自達 Premium」的涵義。

小飼表示：

「技術即便如何創新，如果售價讓人不敢親近，就沒辦法被市場接受。性能提升絕對不等於價格提升，這不是絕對關係。」

唯有兼顧性能和價格的好車，才是馬自達努力的方向。

痛下決心增資一四四二億日圓以及七〇〇億日圓次貸，馬自達才得以投入研發全新動能技術的新世代產品。二〇一二年度業績一口氣翻轉為營業額二兆二〇五三億日圓較前一年度增八．五％，營業獲利自二〇一一年度虧損三八七億日圓轉為五三九億日圓盈餘，稅後淨利也從虧損一〇七七億日圓轉為獲利三四三億日圓。可以說是在日圓兌美元達八〇日圓的艱困環境中，改革體制奏效所繳出的亮眼業績。二〇〇九年決定以CX-5作為新世代產品首發款，山內帶領的組織改造，讓馬自達經營體質已經轉型為即便面對日幣兌美元為一比八〇甚至一比七五，也能獲利的公司。過去辛苦的耕耘，現在已經準備豐收。

緊接著Atenza之後，還有一系列的新車研發計畫，包括二〇一三年C級距的Axela，二〇一四年B級距的Demio，以及二〇一五年初的SUV車款CX-3。二〇一〇年三月與豐田汽車簽訂技術授權合約，共同開發出的 Axela 油電混合車款。而排氣量一・五公升的 CX-3 是唯一日本國產小型柴油引擎車，在日本國內毫無競爭對手的策略車款。對生產規模不大的馬自達來說，絕不匆忙投入新車研發的步調，各等級只開發單一車款才是最佳研發戰略。確實鎖定馬自達各車款的客戶，以及對關注馬自達的車迷們，進而包圍進攻的行銷策略。依據馬自達營業方式，售價盡量維持在客戶可接受範圍之內以實價銷售，不為了追高銷售量而犧牲利潤，趁著推出新世代產品的氣勢，改變以往為了衝高銷量而犧牲獲利的陋習。

關東馬自達的西山表示：

「自從開始銷售全新動能車款後，來店客層也慢慢開始變化。第一線銷售人員一開始都是小聲進攻推薦客戶親自試車，就能體會馬自達車款的優異性能，當有愈來愈多透過口耳相傳來的客層，自己對產品也就愈來愈有信心了。」

自家品牌實價販售如果也同理可證，當然就對自家品牌跟著愈來愈有信心了。也讓客戶對馬自達品牌開始產生信賴感。

墨西哥工廠以及全新的組織改造

依照原定計畫三年內推出五種搭載全新動能技術的新車款。二〇一四年度營業額達三兆三三九億日圓，營業利益二〇二九億日圓，稅後淨利一五八八億日圓。營業利益與稅後淨利雙雙創下歷史新高，負債減少到一七一九億日圓。相較於二〇〇八年度的五三一八億日圓，七年內負債降到三分之一以下。這應該要歸功於開發出夢想的全新技術，以及營運及銷售體系全力支援，三方完美搭配才能創造這樣的佳績吧。

在達成這樣亮眼成績之前，為了解決馬自達對匯率變動承受度不足的弱點，二〇〇九年末經營最艱困階段仍毅然決定著手籌備多年來一直懸而未決的海外生產據點。其中的代表就是二〇一四年一月開始動工，距離墨西哥首都墨西哥市西北方約二五〇公里的薩拉曼卡市（Salamanca）的墨西哥工廠。二〇一一年六月與住友商事達成協議，雙方於墨西哥合資設立工廠時，正值日圓超高時期。總金額達五億美元的投資案，馬自達雖公開增資九三三億日圓，仍需仰賴住友商事資本挹注出資三〇%，墨西哥與美國，加拿大之間簽訂北美自由貿易協定，加上鄰近北美龐大汽車市場的地理優勢，墨西哥絕對是最佳的海外生產據點。

為了確保墨西哥工廠稼動初期能穩定生產，隔年二〇一二年十一月，與豐田車廠簽訂生產協議，每年生產五萬輛 Demio 改版的豐田車款。二〇一四年十月投產首年度生產規模十四萬輛，投產後不久就提升達二三萬輛。二〇一二年二月公開募資一四四二億日圓，其中高達三〇〇億日圓投資墨西哥工廠。在財務吃緊的經營狀況下，為了建立這個對馬自達以及新世代產品極其重要的生產據點，山內孝帶領馬自達經營團隊多方奔走，包括與住友商事間的協議，甚至為維持工廠穩定營運而與豐田的共同生產協議，當然不可避免必須與墨西哥當地政府與薩拉曼卡市之間的政治調節與交涉等。

因為種種的努力，墨西哥廠興建工程與投產都順利完成，二〇一四年馬自達總產量一三七萬五〇〇〇台，日本國內產出九一萬九〇〇〇台，海外生產計四五萬六〇〇〇台，其中墨西哥工廠產量占海外生產比例達三三%。二〇一三年度總產量與國內外產量分別為一二六萬九〇〇〇台，九七萬三〇〇〇台及二九萬六〇〇〇台，其中海外生產新增數量幾乎來自墨西哥工廠貢獻。好運接踵而來，日圓匯率走貶對二〇一四年獲利貢獻不少。自金融海嘯後日圓持續升值，二〇一一年甚至出現八〇日圓兌換一美元的日圓超高匯率。二〇一三年匯率回穩到一〇〇日圓兌換一美元，其後日圓才慢慢走貶。對已經改善經營體質，面對八〇日圓兌換一美元仍可獲利的馬自達來說，日圓持續貶值無疑是對馬自達營運更是加分。應該很有機會能夠再創造歷史新高獲利。

無論如何，對匯率變動承受度大幅改善，同時意味著未來墨西哥工廠的任務也會愈來愈重要。

近兩三年業績表現亮眼，二〇一五年四月二十四日舉辦二〇一四年度財報說明會上，小飼社長發表二〇一二年二月山內規畫組織再造進階版，預計到二〇一九年三月止推出為期三年的「組織再造二・〇版」。基本上就是拚質不拚量，在建構品牌的同時提高獲利，以每年增加銷售量五萬台，銷售數量一六五萬台為目標，下修前次所發布一七〇萬台的數字，正是馬自達宣示將以車款品質優於銷售數量願景的決心。

最引人注目的就是與組織改造同時進行的技術開發目標。二〇二〇年底計畫改善馬自達全車系平均油耗的燃油效率，將比二〇〇八年改善達五〇％。至今 SKYACTIV 全新動能科技已經達成比二〇〇八年改善三〇％油耗目標。因出眾的環保效能與優異的操控性能獲得市場高度評價，馬自達車款才能連年持續暢銷。馬自達將乘勝追擊，以未來五年時間再提升燃油效率二〇％，這不但不容易，甚至可以說震驚眾人的目標。

小飼將現行車款技術稱為第一代 SKYACTIV 全新動能科技，未來車款則命名為第二代 SKYACTIV 全新動能科技（SKYACTIV Generation 2）。技術難度之高，必須要顛覆既有技術並提出完全不同的嶄新創意才行。小飼的簡報宣稱將「研究結合燃燒技術與電力化技術，大幅改善燃油效率。」研發關鍵人物藤原及常務執行董事動力驅動開發本部的人見光夫，對小飼所發表的技術目標有什麼反應呢？引用人見所說，就是「依照指示」努力達成，找出能得到正確解答的方法。

到底是怎樣的背景讓小飼提出這樣的目標？他說：

「外界一直認為馬自達總是一帆風順。然而事實並非如此，非常感謝新世代產品能獲得現今社會大眾的認同與青睞，這的確是事實。但是，SKYACTIV 到底能不能繼續延續到下一個世代，才知道是不是真正的成功，如果無法真正成功，就不能確立馬自達的品牌。

小飼十分清楚，現在起的三年才是勝負關鍵。其實度過驚險危機後的安心感與鬆懈感，將會招來新的危機。小飼社長的決定正意味著馬自達絕對不會讓這樣的歷史重演。

山內孝任內的最後任務

二〇〇六年以來，擔任常務執行董事的金井誠太（現任會長）高唱追求夢想的階段現已告一段落。帶領馬自達克服二〇〇八年以來接連不斷的各種危機，馬自達更進一步開啟未來成長方向的道路。二〇一四年二月二七日墨西哥工廠動工典禮對山內而言是個轉捩點。當天墨西哥總統尼托（Enrique Peña Nieto）也參加當天的晚宴，山內在晚宴會場滿面笑容。自二〇〇八年接掌馬自達營運以來，墨西哥工廠的開工典禮可以算是這個工作的最後任務了。原定二〇一一年的交棒計畫，卻因三一一大地震災不得不延後預定時程，三年之後，適當的交棒時機再次到來。或許是從這樣壓力中解放，山內才能滿面笑容的吧。回溯開工典禮前八個月左右，二〇一三年六月，山內將社長兼執行長的位子交棒給小飼雅道，自己擔任代表取締役會長，其實這時就已經進入交棒的程序了。

墨西哥工廠開工四個月後，在二〇一四年六月二十四日的股東大會與董事會結束後，山內正式離開一九六七年入社以來長達四十七年的工作崗位。最後的一項工作，就是依照公司同仁所企畫的「Y專案」指示，搭上董事專用車。事前山內本人對「Y專案」的實際內容完全不知情。

六月通常都是一年當中白晝最長的時候，廣島上方的天空正慢慢由湛藍轉向橙紅，太陽似乎捨不得離去的夕陽時分，山內坐上了在正面玄關處引擎已經發動的董事專用MPV（馬自達多功能休旅車）。以往一上車總是立刻朝總社外的公路駛去，今天車子卻朝向與平日相反方向的道路行駛，廠內道路連交通號誌都跟一般道路沒兩樣，隨著車輛緩慢行駛時透過MVP窗戶看出去，道路兩側目光所及之處擠滿了馬自達的同仁，除了揮手、大聲感謝之外，也有不少人手持表達謝意的展示板。汽車緩慢地行駛二百公尺於猿猴川前右轉，繼續往北直行三百公尺後，西向渡過猿猴川直行到底就是北門出口。在這短短五百公尺的路上，擠滿送行的人數超過千人，聽說原本還有更多想親自參與送行的同仁，但為了避免發生危險而主動調整。

山內也對每一位沿途表達感謝心意的同仁點頭致意。

小飼對山內的評價：

「膽子真的是很大的人，凡事充分授權給我們處理。不管是金融海嘯或三一一大地震，身為生產最高責任者即使在最苦的時期，也完全信任下屬。讓我感覺得到真正受到完全的信賴。任職社長這麼久的時間，山內社長一直都是這樣坦然的態度。」

當回想到「Y專案」時，還補充說：

「那時，每一個人都是感謝再感謝呢。」

馬自達掌舵工作於六月二十四日起正式全面交到小飼手中。從這一天起，山內不但未曾參與馬自達的營運，連電話都不曾聯絡過，當然也婉拒所有媒體採訪邀約。也不曾以前任執行長自居而評論馬自達營運。小飼說，這就是馬自達的傳統。二〇〇八年十一月，井卷久一交棒給山內孝，其後，井卷也跟山內一樣，完全不再干涉馬自達的經營。

小飼口中對山內的「全面充分授權」，從下面的例子就能完全了解。引用美國第三十五任總統約翰・甘迺迪（John F. Kennedy）的名言：「火炬已經交給新一代」，現在馬自達的火炬已經交棒給小飼帶領的馬自達經營團隊手中。小飼表示：

「對馬自達年輕一代而言，我期待每一位同仁都是獨立個體，都能貫徹自行判斷迎戰各種新挑戰的態度。唯有如此馬自達才能夠繼續成長茁壯。」

馬自達的下一個夢想是什麼？

過去這十年期間馬自達努力實踐打造世界第一流車款的偉大夢想。對於一家年產量只有一三〇萬台左右的小型汽車製造廠而言，或許是個遙不可及的夢。為了實現這個夢想，馬自達開發出SKYACTIV全新動能科技，以前所未有的創新發想讓汽車最核心的部分以馬自達流派脫胎換骨重生。

其中的代表就是汽油引擎與柴油引擎。前者是提高長期業界認定極度困難的汽油引擎壓縮比，而後者則是完成同樣難如登天的課題。然而，馬自達以降低柴油引擎壓縮比，讓兩項技術不但同時達成環保性能與優異的油耗表現，也兼顧實現提升動力性能。透過完成這兩項技術上重大突破，搭配馬自達風格的彈性生產，以及「製造革新」，才能製造具價格競爭力的馬自達車。再怎麼崇高遠大的夢想，如果不能在圓夢之際考量現實面，冷靜仔細盤算中尋找出獲利的方法，夢想最後也只能無疾而終。

二次大戰後，馬自達也創下多次的傳奇。為了振興廣島而生產三輪貨車，為了確立汽車製造商地位研發出的轉子引擎，為提升成為世界級汽車製造廠而推出五品牌與銷售通路政策等等。正是因為經歷過的如此艱辛困苦經驗，才能深刻體會到唯有結合夢想與現實，才能真正實現夢想。至少這十年來馬自達正是以這樣的認知為前提，展開技術開發與經營的戰略。

十年後，二〇二五年全球汽車產量預估將達一億數千萬台。以馬自達市占率二%計算，年產約二〇〇萬台。但再努力應該也無法成為年產四〇〇萬或六〇〇萬台的大廠。

副社長丸本明表示：

「恐怕除了汽車產業以外，應該是找不到全球市占率二％就能存活的公司了。在這樣的產業中，馬自達能夠繼續生存下去的重要關鍵，就是盡力發揮二％市占率的小型廠商的特色。」

獨特車款加上獨到經營，以及獨家的銷售策略。

這並不是標新立異，而是思考身為小廠才能做得到的價值，或是打造出超越客戶期待的汽車。在前方已經可以預見兼顧夢想與現實的平衡，建立馬自達建構品牌的終極目標。

小飼表示：

「二〇二〇年馬自達創業百年，那不過是追尋夢想途中的一個階段罷了。希望過了一百年之後，還能繼續向前未來邁進。公司運營並不是靠經營者來推動，而是仰賴公司每一位成員挑戰的熱情與心態的支持。」

馬自達品牌因 SKYACTIV 全新動能科技而脫胎換骨。而這段過程，也讓整個公司宛如浴火重生。如今，廣島市中心東南東方約五公里的向洋市，存在的已經不是一九九六年四月十二日，福特確定入主馬自達經營時震驚廣島甚至世人的那個馬自達，而是另一個全新的馬自達。

第八章

馬自達未來仍將採取攻勢嗎？

最後，從馬自達創建品牌的觀點，稍微聊一聊本書沒有提到馬自達的代表車款雙座敞篷車 Roadster（MX-5）。

雙座敞篷車的誕生，讓人記憶深刻。距今超過四分之一世紀的一九八九年八月五日與六日這兩天，就在九月發售前夕，當天在日本全國共四十六個據點舉辦盛大的新車預購會，地點多選擇主要都會區的飯店內，如東京的東京王子飯店（Tokyo Prince Hotel）或大倉飯店（Hotel Okura）等。廣島地區則有兩個會場，其中一個就是馬自達總公司的展示間，聽說八月五日一大清早，每個會場手持印章與訂金的客人就已經大排長龍。

從這一天起，Eunos Roadster 就成了馬自達的代表產品。

有雙座敞篷跑車 Roadster（MX-5）才有 Zoom-Zoom

盛大的新車預購會主要是計畫以雙座敞篷車來建立 Eunos 品牌，一開始完全沒有建立馬自達品牌的想法。當時馬自達自許與豐田、日產等車廠一樣，成為全系列汽車製造廠，而嘗試建立五個不同的品牌與銷售通路。Eunos就是其中一個通路品牌。而Eunos與其他四個品牌性格完全不同，最大特徵與吸睛之處，就是推出了當時市場罕見獨家雙座小型敞篷車。

「打算賣幾台？」

「每個月五百台。」

「到底在想什麼？日本國內每個月賣五百台？你會不會想太多啦？」

「不，是全世界啦。」

聽說初期企畫階段也曾發生這樣的趣聞。

這也是必然的，因為當時的小型敞篷跑車，逐漸無法符合標準日趨嚴格的環保與衝撞安全性能規範，全球銷售迅速進入寒冬。就連全球最大的美國市場，年銷量也才僅七〇〇〇台左右。嚴格來這是個說根本沒人想投入研發，沒人要買的產品，就算能賣出去也頂多只是一部分的愛好者而已。

馬自達竟然要挑戰這樣的市場。業務單位當然反對到底，遭批「肯定賣不出去」「到時候沒有宣傳預算喔」。沒想到，開賣後竟然跌破眾人眼鏡。一九八九年九月到十二月底，短短四個月內賣出九三〇〇台。到一九八九年底，北美與澳洲銷售合計三萬五〇〇〇台以上。

產品的性能不好，肯定賣不出去。這一點 Roadster 也不辜負客戶的期待。而暢銷的祕密當然就是性能與價格兼具，尤其售價是任何人都能負擔的價格。

企畫階段就設定汽車售價包含稅金、保險等，客戶支付總額在二〇〇萬日圓以內。聽說在開發階段每每要求提升車輛配備時，永遠得到的都是「不要貪心，盡量簡單」的標準回答。

不久之後，馬自達因經營不振決定結束多品牌經銷通路政策，Roadster 的名稱也趁著一九九八年全車款改版時，改名為馬自達 Roadster。

發售至今已經二十六個年頭，曾經歷經三次改版，二〇一五年五月二〇日發表的第四代 Roadster，成為馬自達品牌的象徵，是品牌策略重要核心。

的確，對馬自達來說現在的 Roadster 肩負重要任務。一直到二〇一五年之前，它是搭載 SKYACTIV 全新動能科技新世代產品的六個車款中最後推出的產品，也是設計本部長前田育男長期努力實現馬自達品牌的統一設計風格，具有重要存在的意義，甚至簡直就是馬自達品牌的形象領導者。

不過，不能忘記的是，目前的任務已並非一九八九年馬自達當初的規畫，那只能說是意外的收穫。

如果當時馬自達就打算以自家品牌作為品牌象徵，應該就不會推出 Eunos 品牌，而是直接打上馬自達品牌吧。與其怪罪當初馬自達的五品牌行銷通路政策的失敗，或許更應該感謝還好當初採用多品牌行銷才能有馬自達雙座敞篷車的誕生。對馬自達來說，雙座敞篷車可以說是五品牌行銷政策所留下的珍貴遺產。

這個珍貴遺產能長期得到愛用者的支持，原因除了造型設計外，獨特的駕馭感也功勞不小。在當時的主查平井敏彥堅持「不要貪心，盡量簡化」的方針下，大家對汽車本身駕駛性能也沒有特殊要求，正好實現了隨心所欲享受駕駛樂趣的特色。也與賽車狂熱者不斷追求挑戰自我技術及汽車性能極限樂趣的跑車市場之間，清楚畫清界線。後續擔任 Roadster 第二代與第三代主查的貴島孝雄，也延續平井的研發方針。

這剛好與之後（正確說是十二年後）馬自達所倡導的品牌訊息 Zoom-Zoom 不謀而合。換言之，雙座敞篷車所追求的駕馭感不正是 Zoom-Zoom 的心情嗎？講得誇張一點，這也是歪打正著。

雙座敞篷車企畫階段預估銷量「全球每月五〇〇〇台」，每年銷售六〇〇〇〇台是雙座敞篷車販售業務啟動前必須提出每月銷售目標。不過，在市場銷售瞬間凍結之際，很難預估輕型敞篷跑車市場數字。還有另一個說法是，馬自達曾設定全球銷售目標四七七〇台，其中美國市場占八成，日本國內約五〇〇台左右。跟企畫階段規畫的目標數字相比，可以說買氣非常旺，等到開賣後，豈止買氣旺而已，根本就是意外地搶手。一九八九年發售短短四個月就賣出三萬五八四三台。接著隔年一九九〇年銷售熱烈，全年度售出七萬五七九八台。因為雙座敞篷車的問市，竟讓買氣寒冬的市場瞬間沸騰。對馬自達而言，又是再次的好運氣。

跟雙座敞篷車一樣，幸運女神也對 CX-5 嶄露笑容。開賣才十個月就在日本國內銷售就打破當初預估目標的三・五倍，超過三萬五〇〇〇台。

兩者都是幸運的誤判，卻創造全新的市場。對於山內孝一直堅信 CX-5 能夠創造市場一事，已經在本書中詳述。

馬自達在二次大戰後因創造三輪貨車的市場，而打下汽車製造廠的基礎。在日本進入高度成長期之前，三輪貨車簡直可以說就是馬自達的代名詞。後續開發出轉子引擎，轉子引擎汽車量產問市後也開拓獨自的領域。所以，一九七〇和一九八〇年代，轉子引擎就成了馬自達的象徵。不過，二〇一二年六月，隨著轉子引擎車種停止生產的同時，馬自達品牌的象徵也就從轉子引擎變更成為雙座敞篷車。換句話說，雙座敞篷跑車成為馬自達品牌象徵，其實應該不能算是馬自達的規畫藍圖內。

出乎意料之外的是，讓消費者一大清早提著訂金與印章排隊預購的雙座敞篷跑車，變成了馬自達的象徵。而馬自達是否也打算繼續以雙座敞篷跑車當成自己在未來的品牌象徵呢？

第四代雙座敞篷跑車的宣傳口號，就是「為了守護堅持，所以創新求變」。其中的道理，無論 Roadster 是否能一直代表馬自達品牌象徵，對馬自達而言，保留這個車款具有絕對意義與必要。縱使這已經跟第一代 Roadster 的初衷相差甚遠，當初是為了創造市場而進攻轉子引擎的開發，身為汽車製造商的馬自達為了存活下去，必須採取的進攻姿態。

馬自達，運用技術與智慧主動出擊的汽車集團

如本書所表達馬自達運用技術與智慧當武器，採取主動出擊的集團。從這個觀點來說，社長小飼雅道推出第二代 SKYACTIV 全新動能科技的目標，也是主動出擊。從現在起，將投入三年時間進化 SKYACTIV 全新動能科技的產品，為了成為具備實力的馬自達而必須要採取的攻勢。唯有運用馬自達獨家技術與智慧不斷進擊，才是推動馬自達繼續成長的動力。

如此一來，小型廠更應把獨家技術與智慧結晶的產品當成攻占市場的武器。才是品牌建構，強化品牌的方法。獨家技術與智慧能否創造市場，Roadster（MX-5）雙座敞篷跑車確實曾經創造市場，但是第四代雙座敞篷跑車是否還能延續完成這樣的任務呢？

如果為了防禦而無法進攻，或者邊守邊攻，攻擊的力道也無法全力發揮。以製造商來說小廠能採取的攻勢，就是不斷挑戰創造市場。思考已經趨近保守階段的雙座敞篷跑車，已經失去了第一代創造市場的魔力。所以無論馬自達如何規畫，就某種定義來說，Roadster 的舞台已經

接近落幕了。

倘若如此，那馬自達現在最需要的應該就是找出第二部如同 Roadster 如此具備代表意義的產品嗎？繼續實踐馬自達的座右銘「永無止境的挑戰」，才能開啟未來成長之路。如果以開發第二代 SKYACTIV 全新動能科技為基礎，成功指日可待。

當第二代如同 Roadster 如此具備代表意義的產品問世，且能夠完全取代 Roadster，登上馬自達品牌象徵的寶座之際，馬自達品牌戰略就真正成功了。

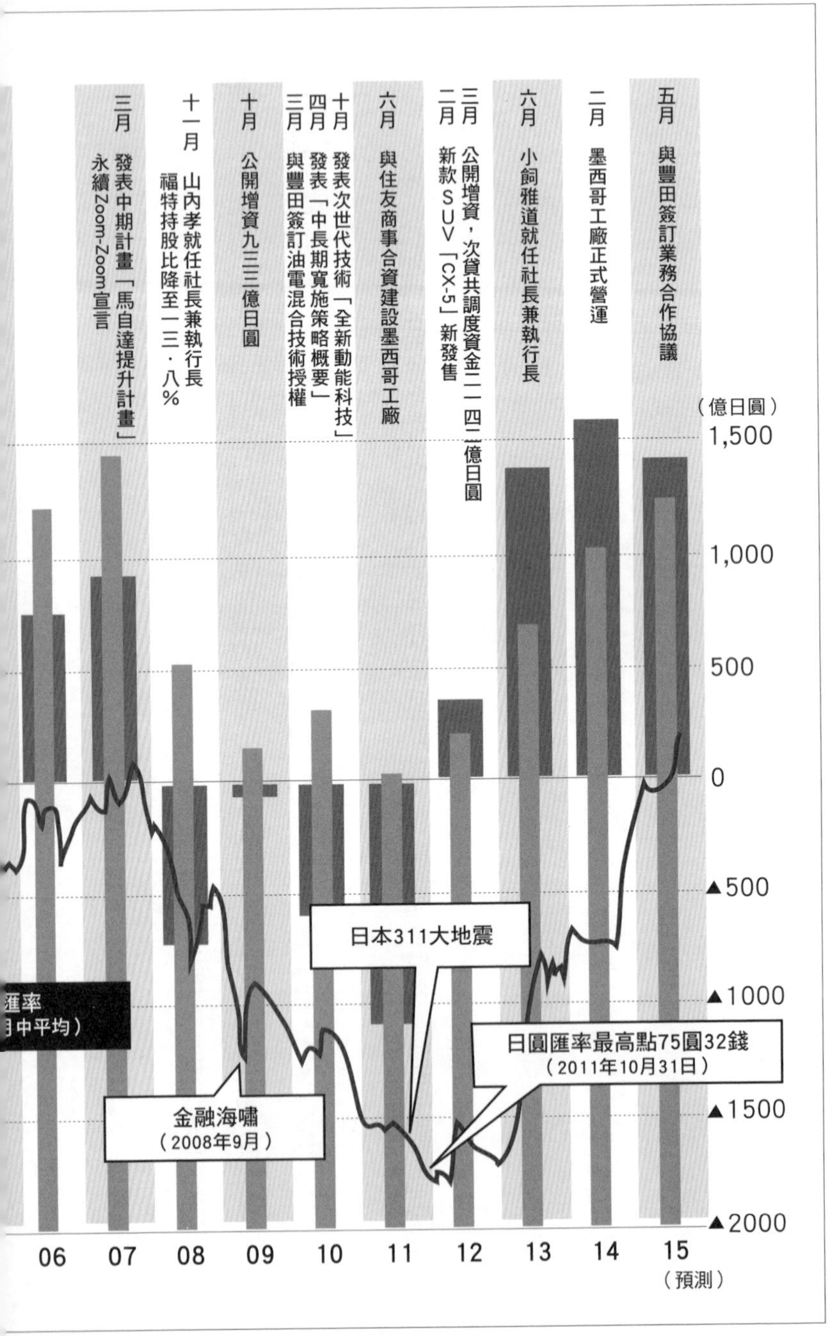
三月 發表中期計畫「馬自達提升計畫」永續Zoom-Zoom宣言
十一月 山內孝就任社長兼執行長 福特持股比降至一三・八%
十月 公開增資九三三億日圓
十月 發表次世代技術「全新動能科技」
四月 發表「中長期寬施策略概要」
三月 與豐田簽訂油電混合技術授權
六月 與住友商事合資建設墨西哥工廠
三月 公開增資，次貸共調度資金二一四二億日圓
二月 新款SUV「CX-5」新發售
六月 小飼雅道就任社長兼執行長
二月 墨西哥工廠正式營運
五月 與豐田簽訂業務合作協議
（億日圓）
1,500
1,000
500
0
▲500
▲1000
▲1500
▲2000
匯率
月中平均）
日本311大地震
日圓匯率最高點75圓32錢
（2011年10月31日）
金融海嘯
（2008年9月）
06
07
08
09
10
11
12
13
14
15
（預測）

馬自達業績發展

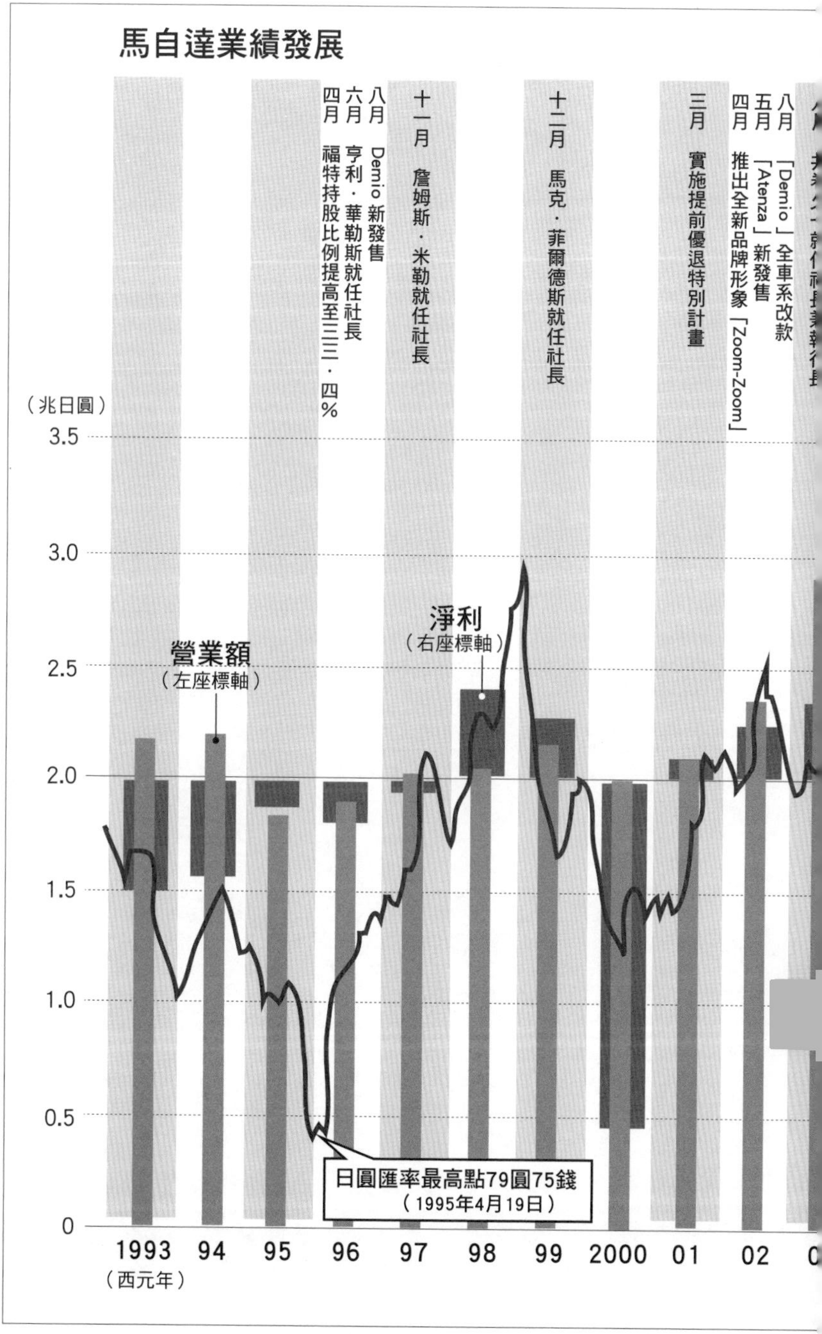
八月 Demio 新發售
六月 亨利・華勒斯就任社長
四月 福特持股比例提高至三三・四%
十一月 詹姆斯・米勒就任社長
十二月 馬克・菲爾德斯就任社長
三月 實施提前優退特別計畫
八月 「Demio」全車系改款
五月 「Atenza」新發售
四月 推出全新品牌形象「Zoom-Zoom」
（兆日圓）
3.5
3.0
2.5
2.0
1.5
1.0
0.5
0
淨利
（右座標軸）
營業額
（左座標軸）
日圓匯率最高點79圓75錢
（1995年4月19日）
1993
94
95
96
97
98
99
2000
01
02
（西元年）

致謝

開始有寫這本書強烈動機，是在二〇〇九年二月四日，記得那天，我出席馬自達二〇〇八年度第三季財報說明會。山內孝先生首次以馬自達社長的身分，說明金融海嘯後三個月的業績狀況。讓我吃驚的是，在預定開始時間前十分鐘左右，正準備進入會場就座時，在記者席正對面，社長以下的各幹部已經全部入座。大概到了正式開始前約五分鐘，就看見山內社長朝記者席走來，一邊說：「還未跟您交換過名片呢！」一邊自我介紹，並且稍做交談。以前未曾蒙面，當然自那次之後，也未曾在其他發表會上碰面過。

但我仔細想想，就某個意義來說，邀請他人於指定的時間到達指定地點的人，當下在該地點等候來賓，這不是天經地義的嗎？大企業的經營者因行程忙碌，珍惜時間以處理繁雜事務，所以到了指定時間才進入會場也是理所當然的事情，但是馬自達經營團隊的態度，確實讓我感到很特別。

活動主辦人親自前來招呼邀貴賓，並且自我介紹，這應該是最基本的禮儀。

知易行難，能徹底實踐這個再簡單不過道理的山內孝先生，到底是個怎樣的人呢？雖然自己原本就打算好好研究馬自達，到底馬自達的經營者是怎樣的一群人？更讓人想知道馬自達的祕密。現在回想起來，山內先生的態度是否顛覆一般企業經營者的常態呢？其實正好相反，山內先生的行為才是正常的行為，非常感謝他讓我體會了解這件事。

對於曾經陷入危機的馬自達，山內社長這種實踐常識及謙虛的態度，正是支持馬自達的力量，二〇一四年六月二十四日，山內先生離開馬自達時，送行隊伍超過一千人，這應該絕對不單是人情與形式上的感謝而已。

透過本書，得以與現任會長的金井誠太先生、社長小飼雅道先生，以及領導馬自達的重要幹部等訪談對象超過二十人以上，得到多方人士大力協助，除了撥冗協助訪談，占用寶貴的時間與精力，才讓本書得以出版，在此表達由衷感謝之意。此外，也特別感謝馬自達宣傳企畫本部同仁協助事前準備相關工作。

我從一九九〇年代起開始關注馬自達以來，多年來與多位馬自達員工和相關人員，於公於私都結成深交。在這段期間當然有人陸續退休，也有多位馬自達的新成員。從這些好友身上所學習到的見聞、知識與智慧等，都是協助我完成本書的重要支柱，真的非常感謝。

此外，也特別向廣島縣勞工局致謝，提供我許多有關廣島各種資訊與情報，更提供了許多參考的資料。

因筆者能力不及，無法在本書中詳盡紀載的部分，包括以「在廣島的馬自達」為發想，提供我寶貴的啟發的株式會社安德森麵包生活文化研究所（Andersen Institute of Bread & Life）與賀茂鶴酒造株式會社，也表達誠心感謝。期待未來有機會能以其他方式來介紹這兩家公司。

此外，也想向 PRESIDENT 社網站編輯部編輯長中田英明先生致謝。如果沒有中田先生鼎力相助，這本書就沒有問世的機會。

人生如戲，企業的發展不也正是如此。筆者親眼所見馬自達的這一齣精采的戲劇，如果讀者能透過本書略能體會一二，那麼對於筆者來說，是莫大的榮幸。

經濟新潮社　〈自由學習系列〉

書號	書名	作者	定價
QD1001	**想像的力量**：心智、語言、情感，解開「人」的祕密	松澤哲郎	350
QD1002	**一個數學家的嘆息**：如何讓孩子好奇、想學習，走進數學的美麗世界	保羅・拉克哈特	250
QD1003	**寫給孩子的邏輯思考書**	苅野進、野村龍一	280
QD1004	**英文寫作的魅力**：十大經典準則，人人都能寫出清晰又優雅的文章	約瑟夫・威廉斯、約瑟夫・畢薩普	360
QD1005	**這才是數學**：從不知道到想知道的探索之旅	保羅・拉克哈特	400
QD1006	**阿德勒心理學講義**	阿德勒	340
QD1007	**給活著的我們・致逝去的他們**：東大急診醫師的人生思辨與生死手記	矢作直樹	280
QD1008	**服從權威**：有多少罪惡，假服從之名而行？	史丹利・米爾格蘭	380
QD1009	**口譯人生**：在跨文化的交界，窺看世界的精采	長井鞠子	300
QD1010	**好老師的課堂上會發生什麼事？**——探索優秀教學背後的道理！	伊莉莎白・葛林	380
QD1011	**寶塚的經營美學**：跨越百年的表演藝術生意經	森下信雄	320
QD1012	**西方文明的崩潰**：氣候變遷，人類會有怎樣的未來？	娜歐蜜・歐蕾斯柯斯、艾瑞克・康威	280
QD1013	**逗點女王的告白**：從拼字、標點符號、文法到髒話……英文，原來這麼有意思！	瑪莉・諾里斯	380

經濟新潮社 〈經營管理系列〉

書號	書名	作者	定價
QB1031	**我要唸MBA！**：MBA學位完全攻略指南	羅伯・米勒、凱瑟琳・柯格勒	320
QB1032	**品牌，原來如此！**	黃文博	280
QB1033	**別為數字抓狂**：會計，一學就上手	傑佛瑞・哈柏	260
QB1034	**人本教練模式**：激發你的潛能與領導力	黃榮華、梁立邦	280
QB1035	**專案管理，現在就做**：4大步驟，7大成功要素，要你成為專案管理高手！	寶拉・馬丁、凱倫・泰特	350
QB1036	**A級人生**：打破成規、發揮潛能的12堂課	羅莎姆・史東・山德爾、班傑明・山德爾	280
QB1037	**公關行銷聖經**	Rich Jernstedt等十一位執行長	299
QB1039	**委外革命**：全世界都是你的生產力！	麥可・考貝特	350
QB1041	**要理財，先理債**：快速擺脫財務困境、重建信用紀錄最佳指南	霍華德・德佛金	280
QB1042	**溫伯格的軟體管理學**：系統化思考（第1卷）	傑拉爾德・溫伯格	650
QB1044	**邏輯思考的技術**：寫作、簡報、解決問題的有效方法	照屋華子、岡田惠子	300
QB1045	**豐田成功學**：從工作中培育一流人才！	若松義人	300
QB1046	**你想要什麼？**（教練的智慧系列1）	黃俊華著、曹國軒繪圖	220
QB1047X	**精實服務**：生產、服務、消費端全面消除浪費，創造獲利	詹姆斯・沃馬克、丹尼爾・瓊斯	380
QB1049	**改變才有救！**（教練的智慧系列2）	黃俊華著、曹國軒繪圖	220
QB1050	**教練，幫助你成功！**（教練的智慧系列3）	黃俊華著、曹國軒繪圖	220
QB1051	**從需求到設計**：如何設計出客戶想要的產品	唐納・高斯、傑拉爾德・溫伯格	550

經濟新潮社 〈經營管理系列〉

書號	書名	作者	定價
QB1052C	**金字塔原理：** 思考、寫作、解決問題的邏輯方法	芭芭拉・明托	480
QB1053X	**圖解豐田生產方式**	豐田生產方式研究會	300
QB1055X	**感動力**	平野秀典	250
QB1056	**寫出銷售力：**業務、行銷、廣告文案撰寫人之必備銷售寫作指南	安迪・麥斯蘭	280
QB1057	**領導的藝術：**人人都受用的領導經營學	麥克斯・帝普雷	260
QB1058	**溫伯格的軟體管理學：**第一級評量（第2卷）	傑拉爾德・溫伯格	800
QB1059C	**金字塔原理Ⅱ：** 培養思考、寫作能力之自主訓練寶典	芭芭拉・明托	450
QB1060X	**豐田創意學：** 看豐田如何年化百萬創意為千萬獲利	馬修・梅	360
QB1061	**定價思考術**	拉斐・穆罕默德	320
QB1062C	**發現問題的思考術**	齋藤嘉則	450
QB1063	**溫伯格的軟體管理學：** 關照全局的管理作為（第3卷）	傑拉爾德・溫伯格	650
QB1065C	**創意的生成**	楊傑美	240
QB1066	**履歷王：**教你立刻找到好工作	史考特・班寧	240
QB1067	**從資料中挖金礦：**找到你的獲利處方籤	岡嶋裕史	280
QB1068	**高績效教練：** 有效帶人、激發潛能的教練原理與實務	約翰・惠特默爵士	380
QB1069	**領導者，該想什麼？：** 成為一個真正解決問題的領導者	傑拉爾德・溫伯格	380
QB1070	**真正的問題是什麼？你想通了嗎？：** 解決問題之前，你該思考的6件事	唐納德・高斯、 傑拉爾德・溫伯格	260
QB1071X	**假說思考：**培養邊做邊學的能力，讓你迅速解決問題	內田和成	360

經濟新潮社　〈經營管理系列〉

書號	書名	作者	定價
QB1072	**業務員，你就是自己的老闆！：**16個業務升級祕訣大公開	克里斯・萊托	300
QB1073C	**策略思考的技術**	齋藤嘉則	450
QB1074	**敢說又能說：**產生激勵、獲得認同、發揮影響的3i說話術	克里斯多佛・威特	280
QB1075X	**學會圖解的第一本書：**整理思緒、解決問題的20堂課	久恆啟一	360
QB1076X	**策略思考：**建立自我獨特的insight，讓你發現前所未見的策略模式	御立尚資	360
QB1078	**讓顧客主動推薦你：**從陌生到狂推的社群行銷7步驟	約翰・詹區	350
QB1080	**從負責到當責：**我還能做些什麼，把事情做對、做好？	羅傑・康納斯、湯姆・史密斯	380
QB1081	**兔子，我要你更優秀！：**如何溝通、對話、讓他變得自信又成功	伊藤守	280
QB1082X	**論點思考：**找到問題的源頭，才能解決正確的問題	內田和成	360
QB1083	**給設計以靈魂：**當現代設計遇見傳統工藝	喜多俊之	350
QB1084	**關懷的力量**	米爾頓・梅洛夫	250
QB1085	**上下管理，讓你更成功！：**懂部屬想什麼、老闆要什麼，勝出！	蘿貝塔・勤斯基・瑪圖森	350
QB1086	**服務可以很不一樣：**讓顧客見到你就開心，服務正是一種修練	羅珊・德西羅	320
QB1087	**為什麼你不再問「為什麼？」：**問「WHY？」讓問題更清楚、答案更明白	細谷 功	300
QB1088	**成功人生的焦點法則：**抓對重點，你就能贏回工作和人生！	布萊恩・崔西	300
QB1089	**做生意，要快狠準：**讓你秒殺成交的完美提案	馬克・喬那	280

經濟新潮社 〈經營管理系列〉

書號	書名	作者	定價
QB1090X	**獵殺巨人**：十大商戰策略經典分析	史蒂芬・丹尼	350
QB1091	**溫伯格的軟體管理學**：擁抱變革（第4卷）	傑拉爾德・溫伯格	980
QB1092	**改造會議的技術**	宇井克己	280
QB1093	**放膽做決策**：一個經理人1000天的策略物語	三枝匡	350
QB1094	**開放式領導**：分享、參與、互動——從辦公室到塗鴉牆，善用社群的新思維	李夏琳	380
QB1095	**華頓商學院的高效談判學**：讓你成為最好的談判者！	理查・謝爾	400
QB1096	**麥肯錫教我的思考武器**：從邏輯思考到真正解決問題	安宅和人	320
QB1097	**我懂了！專案管理**（全新增訂版）	約瑟夫・希格尼	330
QB1098	**CURATION 策展的時代**：「串聯」的資訊革命已經開始！	佐佐木俊尚	330
QB1099	**新・注意力經濟**	艾德里安・奧特	350
QB1100	**Facilitation 引導學**：創造場域、高效溝通、討論架構化、形成共識，21世紀最重要的專業能力！	堀公俊	350
QB1101	**體驗經濟時代**（10週年修訂版）：人們正在追尋更多意義，更多感受	約瑟夫・派恩、詹姆斯・吉爾摩	420
QB1102	**最極致的服務最賺錢**：麗池卡登、寶格麗、迪士尼都知道，服務要有人情味，讓顧客有回家的感覺	李奧納多・英格雷利、麥卡・所羅門	330
QB1103	**輕鬆成交，業務一定要會的提問技術**	保羅・雀瑞	280
QB1104	**不執著的生活工作術**：心理醫師教我的淡定人生魔法	香山理香	250
QB1105	**CQ文化智商**：全球化的人生、跨文化的職場——在地球村生活與工作的關鍵能力	大衛・湯瑪斯、克爾・印可森	360

經濟新潮社 〈經營管理系列〉

書號	書名	作者	定價
QB1106	**爽快啊，人生！**：超熱血、拚第一、恨模仿、一定要幽默——HONDA創辦人本田宗一郎的履歷書	本田宗一郎	320
QB1107	**當責，從停止抱怨開始**：克服被害者心態，才能交出成果、達成目標！	羅傑・康納斯、湯瑪斯・史密斯、克雷格・希克曼	380
QB1108	**增強你的意志力**：教你實現目標、抗拒誘惑的成功心理學	羅伊・鮑梅斯特、約翰・堤爾尼	350
QB1109	**Big Data大數據的獲利模式**：圖解・案例・策略・實戰	城田真琴	360
QB1110	**華頓商學院教你活用數字做決策**	理查・蘭柏特	320
QB1111C	**V型復甦的經營**：只用二年，徹底改造一家公司！	三枝匡	500
QB1112	**如何衡量萬事萬物**：大數據時代，做好量化決策、分析的有效方法	道格拉斯・哈伯德	480
QB1113	**小主管出頭天**：30歲起一定要學會的無情決斷力	富山和彥	320
QB1114	**永不放棄**：我如何打造麥當勞王國	雷・克洛克、羅伯特・安德森	350
QB1115	**工程、設計與人性**：為什麼成功的設計，都是從失敗開始？	亨利・波卓斯基	400
QB1116	**業務大贏家**：讓業績1＋1＞2的團隊戰法	長尾一洋	300
QB1117	**改變世界的九大演算法**：讓今日電腦無所不能的最強概念	約翰・麥考米克	360
QB1118	**現在，頂尖商學院教授都在想什麼**：你不知道的管理學現況與真相	入山章榮	380
QB1119	**好主管一定要懂的2×3教練法則**：每天2次，每次溝通3分鐘，員工個個變人才	伊藤守	280
QB1120	**Peopleware**：腦力密集產業的人才管理之道（增訂版）	湯姆・狄馬克、提摩西・李斯特	420

經濟新潮社 〈經營管理系列〉

書號	書名	作者	定價
QB1121	**創意，從無到有**（中英對照×創意插圖）	楊傑美	280
QB1122	**漲價的技術**：提升產品價值，大膽漲價，才是生存之道	辻井啟作	320
QB1123	**從自己做起，我就是力量**：善用「當責」新哲學，重新定義你的生活態度	羅傑·康納斯、湯瑪斯·史密斯	280
QB1124	**人工智慧的未來**：揭露人類思維的奧祕	雷·庫茲威爾	500
QB1125	**超高齡社會的消費行為學**：掌握中高齡族群心理，洞察銀髮市場新趨勢	村田裕之	360
QB1126	**【戴明管理經典】轉危為安**：管理十四要點的實踐	愛德華·戴明	680
QB1127	**【戴明管理經典】新經濟學**：產、官、學一體適用，回歸人性的經營哲學	愛德華·戴明	450
QB1128	**主管厚黑學**：在情與理的灰色地帶，練好務實領導力	富山和彥	320
QB1129	**系統思考**：克服盲點、面對複雜性、見樹又見林的整體思考	唐內拉·梅多斯	450
QB1130	**深度思考的力量**：從個案研究探索全新的未知事物	井上達彥	420
QB1131	**了解人工智慧的第一本書**：機器人和人工智慧能否取代人類？	松尾豐	360
QB1132	**本田宗一郎自傳**：奔馳的夢想，我的夢想	本田宗一郎	350
QB1133	**BCG頂尖人才培育術**：外商顧問公司讓人才發揮潛力、持續成長的祕密	木村亮示、木山聰	360
QB1134	**馬自達Mazda技術魂**：駕馭的感動，奔馳的祕密	宮本喜一	380
QB1135	**僕人的領導思維**：建立關係、堅持理念、與人性關懷的藝術	麥克斯·帝普雷	300

經濟新潮社 〈經濟趨勢系列〉

書 號	書 名	作 者	定價
QC1001	**全球經濟常識100**	日本經濟新聞社編	260
QC1002	**個性理財方程式**：量身訂做你的投資計畫	彼得・塔諾斯	280
QC1003X	**資本的祕密**：為什麼資本主義在西方成功，在其他地方失敗	赫南多・德・索托	300
QC1004X	**愛上經濟**：一個談經濟學的愛情故事	羅素・羅伯茲	280
QC1014X	**一課經濟學**（50週年紀念版）	亨利・赫茲利特	320
QC1016	**致命的均衡**：哈佛經濟學家推理系列	馬歇爾・傑逢斯	280
QC1017	**經濟大師談市場**	詹姆斯・多蒂、德威特・李	600
QC1019	**邊際謀殺**：哈佛經濟學家推理系列	馬歇爾・傑逢斯	280
QC1020	**奪命曲線**：哈佛經濟學家推理系列	馬歇爾・傑逢斯	280
QC1026C	**選擇的自由**	米爾頓・傅利曼	500
QC1027X	**洗錢**	橘玲	380
QC1028	**避險**	幸田真音	280
QC1029	**銀行駭客**	幸田真音	330
QC1030	**欲望上海**	幸田真音	350
QC1031	**百辯經濟學**（修訂完整版）	瓦特・布拉克	350
QC1032	**發現你的經濟天才**	泰勒・科文	330
QC1033	**貿易的故事**：自由貿易與保護主義的抉擇	羅素・羅伯茲	300
QC1034	**通膨、美元、貨幣的一課經濟學**	亨利・赫茲利特	280
QC1035	**伊斯蘭金融大商機**	門倉貴史	300
QC1036C	**1929年大崩盤**	約翰・高伯瑞	350

經濟新潮社 〈經濟趨勢系列〉

書號	書名	作者	定價
QC1037	**傷一銀行崩壞**	幸田真音	380
QC1038	**無情銀行**	江上剛	350
QC1039	**贏家的詛咒：**不理性的行為，如何影響決策	理查・塞勒	450
QC1040	**價格的祕密**	羅素・羅伯茲	320
QC1041	**一生做對一次投資：**散戶也能賺大錢	尼可拉斯・達華斯	300
QC1042	**達蜜經濟學：**.me.me.me…在網路上，我們用自己的故事，正在改變未來	泰勒・科文	340
QC1043	**大到不能倒：**金融海嘯內幕真相始末	安德魯・羅斯・索爾金	650
QC1044	**你的錢，為什麼變薄了？：**通貨膨脹的真相	莫瑞・羅斯巴德	300
QC1046	**常識經濟學：**人人都該知道的經濟常識（全新增訂版）	詹姆斯・格瓦特尼、理查・史托普、德威特・李、陶尼・費拉瑞尼	350
QC1047	**公平與效率：**你必須有所取捨	亞瑟・歐肯	280
QC1048	**搶救亞當斯密：**一場財富與道德的思辯之旅	強納森・懷特	360
QC1049	**了解總體經濟的第一本書：**想要看懂全球經濟變化，你必須懂這些	大衛・莫斯	320
QC1050	**為什麼我少了一顆鈕釦？：**社會科學的寓言故事	山口一男	320
QC1051	**公平賽局：**經濟學家與女兒互談經濟學、價值，以及人生意義	史帝文・藍思博	320
QC1052	**生個孩子吧：**一個經濟學家的真誠建議	布萊恩・卡普蘭	290
QC1053	**看得見與看不見的：**人人都該知道的經濟真相	弗雷德里克・巴斯夏	250
QC1054C	**第三次工業革命：**世界經濟即將被顛覆，新能源與商務、政治、教育的全面革命	傑瑞米・里夫金	420

經濟新潮社 〈經濟趨勢系列〉

書號	書名	作者	定價
QC1055	**預測工程師的遊戲**：如何應用賽局理論，預測未來，做出最佳決策	布魯斯・布恩諾・德・梅斯奎塔	390
QC1056	**如何停止焦慮愛上投資**：股票＋人生設計，追求真正的幸福	橘玲	280
QC1057	**父母老了，我也老了**：如何陪父母好好度過人生下半場	米利安・阿蘭森、瑪賽拉・巴克・維納	350
QC1058	**當企業購併國家（十週年紀念版）**：從全球資本主義，反思民主、分配與公平正義	諾瑞娜・赫茲	350
QC1059	**如何設計市場機制？**：從學生選校、相親配對、拍賣競標，了解最新的實用經濟學	坂井豐貴	320
QC1060	**肯恩斯城邦**：穿越時空的經濟學之旅	林睿奇	320
QC1061	**避稅天堂**	橘玲	380

國家圖書館出版品預行編目資料

馬自達Mazda技術魂：駕馭的感動，奔馳的祕密 / 宮本喜一著 ; 李雅惠譯. -- 初版. -- 臺北市 : 經濟新潮社出版 : 家庭傳媒城邦分公司發行, 2017.02

面；　公分. --（經營管理 ; 134）

ISBN 978-986-6031-99-1（平裝）

1.馬自達株式會社　2.企業經營　3.技術發展

484.3　　106001543